T0238806

Springer

Berlin
Heidelberg
New York
Barcelona
Budapest
Hong Kong
London
Milan
Paris
Singapore
Tokyo

Andreas Sorgatz

Dynamic Modules

User's Manual and Programming Guide
for MuPAD 1.4

Springer

Andreas Sorgatz
Paderborn, Germany

Additional material to this book can be downloaded from http://extras.springer.com.

Cip-Data applied for

Die Deutsche Bibliothek – CIP-Einheitsaufnahme

Dynamic modules [Medienkombination]: user's manual and
programming guide for MuPAD 1.4/Andreas Sorgatz. - Berlin;
Heidelberg; New York; Barcelona; Budapest; Hong Kong;
London; Milan; Paris; Singapore; Tokyo: Springer
  Einheitssacht.: Dynamische Module <eng.>
  ISBN 3-540-65043-1
  Buch. 1999
  kart.

ISBN 3-540-65043-1 Springer-Verlag Berlin Heidelberg New York

Macintosh is a trademark of Apple Computer, Inc.; Windows is a trademark of Microsoft
Corporation; UNIX is a trademark of AT&T; X-Window is a trademark of MIT, MuPAD © by
Sciface Software; PARI © by C. Batut, D. Bernardi, H. Cohen and M. Olivier.

This work is subject to copyright. All rights are reserved, whether the whole or part of the
material is concerned, specifically the rights of translation, reprinting, reuse of illustrations,
recitation, broadcasting, reproduction on microfilm or in any other way, and storage in data
banks. Duplication of this publication or parts thereof is permitted only under the provisions of
the German Copyright Law of September 9, 1965, in its current version, and permission for use
must always be obtained from Springer-Verlag. Violations are liable for prosecution under the
German Copyright Law.

© Springer-Verlag Berlin Heidelberg 1999

The use of general descriptive names, trademarks, etc. in this publication does not imply, even in
the absence of a specific statement, that such names are exempt from the relevant protective laws
and regulations and therefore free for general use.

Typesetting: Camera ready pages by the author
Cover Design: Künkel + Lopka, Werbeagentur, Heidelberg
Printed on acid-free paper SPIN 10693570   33/3142 – 5 4 3 2 1 0

Preface

Today, integration of software packages into computer algebra systems (CAS) and communication between CAS and other software systems using interprocess communication (IPC) protocols is gaining more and more relevancy for CAS users. For instance, one has written very efficient special purpose algorithms in a low-level language such as C/C++ and wishes to use them during a CAS session. Or software packages from the Internet should be integrated into a favourite CAS.

At present, the general concept for integrating software packages into a CAS is to use IPC protocols. On Unix systems, protocols like these are usually implemented using *sockets* or can be emulated by communicating via *pipes* or *files*. They are very useful for communication between software systems running on different hosts of a computer network and also between one or more processes located on one host when no source code of the software packages is available. However, they are somewhat awkward and require a lot of communication overhead. When using such protocols the following actions have to be carried out to pass information, e.g. arguments of functions or return values, between processes or to call an external function of a communication partner (if function calls are supported by the protocol):

1. CAS data are converted into data packages (*information encoding*) and

2. transferred (*copied physically*) between the processes.

3. Data packages are reconverted into CAS data or any other representation used by the communication partner (*information decoding*).

Information encoding and decoding may be costly. Furthermore, since data are copied the amount of memory space that is needed to store the data is doubled. Especially in Computer Algebra, where symbolic computations often require a lot of memory (*intermediate data swell*), this might cause problems.

This method is also not very useful when large amounts of data must be passed often during the execution of an algorithm and when the execution time of external functions is small compared to communication time. It also does not allow the linked software package to efficiently call internal functions of the CAS - on a C/C++ language level.

A more flexible and efficient way to integrate C/C++ functions as well as complete software packages into a CAS is the author's concept of *dynamic modules.*

From the user's point of view a dynamic module is similar to a CAS library package. It contains so-called *module functions* which are, in contrast to *library functions*, not written in the CAS programming language but are machine code functions like the *built-in functions* of the CAS kernel.

From a technical point of view a dynamic module is a special kind of a machine code library (mostly implemented as a *shared library*) which can be linked to a CAS at run-time. After the module is loaded, its *module functions* are made public to the interpreter of the CAS and propagated to the user like usual CAS functions. Using the concept of dynamic linking, the machine code of the module resides within the process environment of the CAS kernel and can *directly* access the internal methods and data structures of the kernel. Data exchange can be achieved by simply passing data references, e.g. C/C++ pointers. This is the fastest method possible, because no data needs to be physically copied and no other communication overhead is needed. Furthermore, time and memory usage is independent of the size of data to be exchanged.

Loading as well as unloading dynamic modules can both be done at any time during a CAS session. Unloading a module means to unlink its machine code from the CAS kernel and to remove it from the memory to save system resources. Its module functions, however, are still memorized by the CAS interpreter. If they are needed later, the corresponding code is automatically reloaded. This feature allows the implementation of *displacement* and *replacement* strategies for dynamic modules, which are transparent to the user.

The concept of dynamic modules is easy to use and increases the flexibility of a CAS with respect to the following aspects:

- An *open system*: The CAS kernel is extendable by the user on a C/C++ language level with nearly any desired feature.

- A *universal shell* to integrate, utilize and test various software packages in order to use them in combination to solve mathematical problems.

- A *modular* and *freely configurable* CAS: special purpose functions like efficient numerical algorithms or IPC protocols can be developed, maintained and distributed as optional packages independently from the CAS kernel.

The variety of different packages and algorithms which can be utilized simultaneously increases drastically. In this sense dynamic modules apply the principle of *software integration* to the broad field of mathematical applications.

University of Paderborn (Germany), July 1998

Andreas Sorgatz

Email: `andi@mupad.de`

Contents

List of Figures

List of Tables

List of Examples

List of Applications

1. Introduction and Quick Start

This chapter describes how to navigate through this book. It discusses the concept of dynamic modules in brief and demonstrates how to use, write and create them. References to related literature are given at the end of this chapter.

1.1 How to Read this Manual

This book is addressed to module users and developers. To write special or very efficient modules some technical knowledge is needed (see section 1.3). Table 1.1 summarizes which chapters are relevant for which readers and can be used to navigate quickly through the chapters of this book:

Table 1.1: Information Navigator

Useful for...	Chapters in this book		
users of modules	(1.1.1) Quick Start	(2) User Interface	(10) Applications
creating modules	(3) Introduction	(5) Creating	(8) Platforms
writing modules	(4) Inside MuPAD	(6) *MAPI*-Manual	(9) Problems
all programmers	(C) mmg-Manual	(D) *MAPI*-Index	(7) Specials
all readers	(B) Changes	(A) CD-ROM	(E) Glossary

Chapter 1 contains **general information** introducing the following chapters.

Chapter 2 contains help pages with a formal description of the **user interface** of dynamic modules. They are intended to be used as a reference manual. This chapter also describes how to access the plain text module online documentation. This information is needed by all users who want to use modules.

Chapter 3 provides an introduction to the programming and the creation of dynamic modules to impart the **basic ideas of module development** and to motivate the technical descriptions of the following chapters. This information should be read by all those who want to write dynamic modules, but it may also be interesting for other readers.

Chapter 4 provides **technical information** about the structure of the MuPAD system and how it works inside. It contains essential information about data types, data representation as well as about the memory and module management. It is highly recommended to read this chapter before starting to program modules. However, to start quickly you may want to go through the examples in chapter 10 and the appendix D first and come back to chapter 4 later.

Chapter 5 describes the *module generator* mmg which is to be used to compile and link C/C++ module source files into executable dynamic modules. This information is needed by those who want to create modules using their own sources or those distributed by MuPAD. A short summary of the usage of the **module generator** is given in appendix C.

Chapter 6 describes the MuPAD *Application Programming Interface (MAPI)*. Subdivided according to the different aspects of **module programming** each section contains an introduction, formal descriptions of relevant *MAPI* routines, as well as examples following the idea of *learning-by-doing*. This chapter is intended to be used as a reference manual. A lexicographic index of all *MAPI* routines and variables is given in appendix D. This information is needed by those who want to develop or maintain modules.

Chapter 7 informs about **extensions** of the module concept and related features of MuPAD that may be useful for your applications.

Chapter 8 contains information about **system dependencies** and gives technical advice on compiler support on different operating systems. Since chapter 5 and appendix C describe the module creation on UNIX operating systems, users of Apple Macintosh[1] and Windows 95/NT[2] systems are asked to read chapter 8 for information about module creation on these platforms.

Chapter 9 is a **trouble shooting guide** to help users to avoid (respectively work around) problems that may occur when starting to program modules and to integrate other software packages.

Chapter 10 demonstrates more sophisticated **applications** of dynamic modules including their C/C++ source code, e.g. the usage of efficient numeric and number theory packages or the integration of interprocess comunication protocols. Studying these examples provides further tips for writing dynamic modules.

---

[1] Dec. 1997, developers version of release 1.4, prototype for Apple Macintosh PowerPC
[2] Dec. 1997, developers version of release 1.4, prototype for Windows 95/NT

1.1.1   Remarks on the Paperback Version

This book is also available as a **MuPAD** hypertext document. **MuPAD** examples marked with the label $\geq\geq$ can be executed directly in cooperation with **MuPAD** Release 1.4 and the module generator.

1.1.2   Remarks on the CD-ROM Online Version

Dynamic Modules are supported on most UNIX operating systems, on Apple Macintosh PowerPC and on Windows 95/NT systems. Due to the fact that remote control of external programs like compilers is easy and mostly compatible on all UNIX systems but cannot be supported in this way on Apple Macintosh or Windows 95/NT systems, many examples apply to the UNIX platform.

All examples and application modules described in this book were tested with **MuPAD** 1.4.1 on a PC-compatible (Pentium) running Linux 2.0 and on a Sparc20 workstation running Solaris 2.5. However, there should be no problem using, respectively porting, these examples to other platforms. Read appendix A and the description given with each application module to get detailed information.

To read the online hypertext version of this book and to run the examples and application modules in combination with **MuPAD** 1.4, the accompanying CD-ROM must be installed first. Refer to appendix A for information about its contents, detailed installation instructions as well as about license agreements of these software packages.

1.1.3   Technical Terms and Font Conventions

To make it easy to distinguish **MuPAD** built-in, library and module functions -used on a **MuPAD** language level- from any other kind of functions used on a C/C++ level, the first ones are called *functions* whereas the second ones are always called *routines* in this book.

Further technical terms used in this book are explained in the glossary of terms in appendix E.

The following fonts are used to emphasize special terms, phrases and examples:

- *italic font*: is used to introduce new technical terms, to quote section titles of other manuals and to emphasize special words and character strings.

- `typewrite font`: is used for special or reserved names, for examples, and for **MuPAD** and C/C++ code.

- **bold face**: is used for very important notes and technical information.

1.2   The Concept in Brief

Dynamic modules (short: *modules*) are machine code library packages -mostly implemented as *shared libraries* respectively *dynamic link libraries*- that can be loaded and executed during a MuPAD session. CAS user functions which are defined in a dynamic module are called *module functions*. They are written in the general purpose and widely used programming language C/C++ and are compiled and linked to a special kind of a machine code library.

For loading a dynamic module methods of dynamic linking are used. Therefore, within a module function the programmer cannot only use those functions and variables visible within the MuPAD language but also all (documented) internal routines and variables of the MuPAD kernel. This makes module functions as fast and flexible as if they were implemented in the MuPAD kernel itself.

Dynamic modules can be unloaded at any time during a MuPAD session in order to save memory resources. This can be done explicitly by the user and also by automatically *displacing* and *replacing* strategies of the module manager (e.g. *aging*). If a module function has to be executed after its machine code has been unloaded, it is reloaded automatically and transparently for the user.

To make programming of module functions easy, MuPAD provides an *Application Programming Interface (MAPI)*. It consists of C/C++ macros and routines to be used to declare module functions, to access kernel objects, to construct, manipulate and convert MuPAD and C/C++ data structures and more. A detailed description of these routines is given in chapter 6.

To create an executable dynamic module a special preprocessor is used - the so-called *module generator* (mmg). It analyzes the user's C/C++ module source code and adds additional code which is needed by the MuPAD kernel to manage a module. After that, the module generator uses the C++ compiler and linker of the operating system to create machine code. A detailed description of the module generator is given in chapter 5.

1.2.1   Advantages of Dynamic Modules

In general module functions are much faster than library functions because they need not be interpreted by the MuPAD system but can be directly executed by the computer's processing unit. Also operating on the internal representation of MuPAD data structures -by utilizing internal kernel routines- is often significantly more efficient than using the high-level language.

Furthermore, implementing module functions in a low-level programming language such as C/C++ is very flexible because one can access the entire operating system and the computer's hardware. In contrast to this, programming languages of computer algebra systems (CAS) are intended to be used for mathematical algorithms and mostly do not provide such features and users can only implement algorithms that are based on functions and data types which are part of this language. Therefore, in conventional C/C++ based CAS, real extensions like an interprocess communication protocol or a new floating point arithmetic cannot be integrated by the user but only by the CAS developers.

Using the concept of dynamic modules, the user can extend the MuPAD kernel with nearly no restrictions. Many mathematical public domain software packages and special purpose algorithms are written in C/C++. They can be integrated into MuPAD very easily and efficiently. See chapter 10 for examples.

1.2.2   How to Use Modules

Dynamic modules and module functions can be used in the same way as library packages and library functions. While library packages are loaded with the command loadlib[3] for modules the function module is used. The following demonstration loads the module stdmod which is distributed with all MuPAD systems that support dynamic modules and is therefore used as an example:

```
>> reset():
   module( "stdmod" );

      stdmod
```

Next, the function info (refer to [50, p. 363]) is used to display the user information text of the module. It behaves on dynamic modules exactly as on MuPAD library packages:

```
>> info( stdmod ):

   Module: 'stdmod' created on 08.Apr.98 by mmg R-1.4.0
   Module: Module Management Utilities

   Interface:
   stdmod::age,   stdmod::doc,   stdmod::help,
   stdmod::max,   stdmod::stat,  stdmod::which
```

After a module is loaded, its functions can be executed in the same way as library functions using the syntax package::function(). In the following example, the function which returns the pathname of a dynamic module:

```
>> stdmod::which( "stdmod" );

   "/home/andi/mupad/i386/modules/stdmod.mdm"
```

---

[3]Refer to the *MuPAD User's Manual* [50, p. 384].

Like library functions, also module functions can be exported from a module domain with the command export (refer to [50, p. 324]) to make their names globally known:

```
>> export( stdmod ):
   which( "stdmod" );

   "/home/andi/mupad/i386/modules/stdmod.mdm"
```

A special feature of dynamic modules is that their machine code can be unloaded -i.e. removed from the main memory- at any time during the MuPAD session. The command module::displace is used for this:

```
>> module::displace( stdmod ):
   which("stdmod");

   "/home/andi/mupad/i386/modules/stdmod.mdm"
```

As one can see, even if a dynamic module was unloaded, its functions are still known to the MuPAD system. If one of them has to be executed later on, the corresponding machine code is automatically reloaded by the module manager.

Another useful command to access module functions is module::func. It can be used to access a specific module function without explicitly loading the corresponding module via module. Like in the previous example, the machine code of this function is (re-)*loaded on demand*, transparently to the user.

```
>> where:= module::func( "stdmod", "which" ):
   where;
   where( "stdmod" );

   which
   "/home/andi/mupad/i386/modules/stdmod.mdm"
```

A complete and detailed description of all MuPAD functions available for module management is given in chapter 2.

1.2.3   How to Write and Create Modules

The following example shows the complete user C/C++ source code of a dynamic module named sample. It consists of one module function date() which returns the current date and time in form of a MuPAD character string.[4]

---

[4]This online example does not work on operating systems other than UNIX.

```
>> fprint( Unquoted, Text, "/tmp/sample.C", "
   MFUNC( date, MCnop )           /* Begin of module function */
   { time_t   clck;               /* Local variable C/C++      */
     char    *cstr;               /* Local variable C/C++      */
     MTcell   mstr;               /* Local variable MuPAD      */

     time(&clck);                 /* Gets current time         */
     cstr = ctime(&clck);         /* Converts into a string    */
     cstr[strlen(cstr)-1] = 0;    /* Removes carriage return   */

     mstr = MFstring(cstr);       /* Converts to MuPAD         */
     MFreturn( mstr );            /* Returns  to MuPAD         */
   } MFEND                        /* End of module function    */
   " );
```

To create an executable module the **MuPAD** module generator *mmg* is used.
Option -v switches the verbose mode on. Option -V includes a version inform-
ation string into the module and option -gnu instructs mmg to use the GNU
C++ compiler instead of the standard compiler of the operating system.[4]

```
>> system( MDM_PATH."/../share/bin/mmg -v -V 'Demo'
           /tmp/sample.C -op /tmp ;
           file /tmp/sample.mdm"
          ):

   MMG -- MuPAD-Module-Generator -- V-1.4.0  Feb.98
   Mesg.: Scanning source file ...
   Mesg.: 1 function(s) and 0 option(s) found in 13 lines
   Mesg.: Creating  extended module code ...

   Mesg.: Compiling extended module code ...
   [...]

   Mesg.: Linking dynamic module ...
   [...]
   Mesg.: Ok

   sample.mdm: ELF 32-bit LSB shared object, Intel 80386
```

A detailed description of the module generator mmg and its options is given in
chapter 5. A short reference manual is available in appendix C.

With this, the dynamic module **sample.mdm** (binary file) is placed in the dir-
ectory **/tmp** and can be used in a **MuPAD** session as demonstrated below:

```
>> module( Path="/tmp", "sample" ):
   info( sample ):

   Module: 'sample' created on 04.May.98 by mmg R-1.4.0
   Demo

   Interface:
   sample::date, sample::doc

>> sample::date();

   "Mon May  4 20:52:07 1998"
```

1.3   Where to Find Further Information

Before reading this manual to learn how to write and create dynamic modules, the user should be familiar with the usage of MuPAD, with the programming language C as well as with some basics of C++.

Concerning the MuPAD language the user should have read and understood at least the following sections of the *MuPAD User's Manual* [50]:

- 2.2 *Details of Evaluation*, which explains the representation of MuPAD expressions and what the term *evaluation* means in MuPAD.

- 2.3 *Basic Types*, which describes the MuPAD type concept and lists all data types that are available in MuPAD.

- 2.10 *Manipulation of Objects*, which introduces the methods to access and manipulate sub-expressions of MuPAD objects (trees).

- Appendix A *Tables*, which contains tables giving an overview on MuPAD data types and their operands.

An introduction to the programming language C is given in Kernighan and Ritchie's book *The C programming language* [17].

A detailed description of the programming language C++ can be found in the book of B. Stroustroup *The C++ programming language* [49].

More detailed technical information about the concept of dynamic modules and its implementation for MuPAD 1.2.2 are given in the MuPAD Report *Dynamische Module – Eine Verwaltung für Maschinencode-Objekte zur Steigerung der Effizienz und Flexibilität von Computeralgebra-Systemen* [40] (German).

Current information about the development of MuPAD and the module concept are available via the World-Wide-Web[5].

---

[5]http://www.mupad.de

1.4 Challenges and Contributions

It is the developer's concern to provide the general purpose computer algebra system MuPAD as an *open system*, that can easily be integrated into the user's working environment and allows to interface any kind of (mathematical) software packages. Examples can be found in chapter 10.

Re-using existing software packages -within the academic research community these are often available as public domain or freeware via anonymous ftp- and interfacing special purpose algorithms from inside MuPAD is the basis for economical and efficient usage of computer algebra systems in a broad field of mathematical applications for researchers as well as for engineers.

Furthermore, many mathematical software packages are made available in form of C or C++ class libraries, e.g. ASAP, GMP, MAGNUM, MP, IMSL, NAGC, NTL, GB or REALSOLVING which are described in chapter 10. These libraries provide either no or only a very simple interactive user interface. However, MuPAD can be used as a very flexible and powerful mathematical shell to interface algorithms utilizing these packages.

For information about dynamic modules and module interfaces currently available refer to the MuPAD web site[5].

If you would like to make contributions and would like to share modules, software packages or algorithms with the MuPAD user community, please contact the author[6] or the MuPAD team.[7]

---

[6]Email: **andi@mupad.de**
[7]Email: **distribution@mupad.de**

2. Modules User Interface

This chapter describes the **MuPAD** functions provided to load and unload modules, to call module functions and to control the module management. They are divided into basic functions available as kernel built-in functions and functions for extended module management available with the **MuPAD** library package module[1].

At the end of this chapter, the representation of dynamic modules as a **MuPAD** domain and aspects of module documentation are discussed.

2.1   Basic Functions to Access Modules

The kernel provides the built-in functions `external`, `loadmod` and `unloadmod` as the basic interface to access dynamic modules. They are described here because their names appear in descriptions of library functions and in error messages. However, the user should use the functions of the library package `module` described in section 2.2 to access modules and module functions.

external – Creates a module function environment
V1.4

Call:

external(mname, fname)

Parameter:

mname	—	character string, name of a module
fname	—	character string, name of a module function

---

[1]This library package uses the dynamic module **stdmod**, which is distributed with all MuPAD versions that support the usage of modules.

Synopsis:

`external` creates and returns the function environment (`DOM_FUNC_ENV`) of the module function `mname::fname`. It can be used to assign the handle of a module function to a variable and to execute it without loading the corresponding module explicitly via `loadmod`. The module manager will load its machine code automatically and transparently to the user at the time it is needed. In contrast to the function `loadmod`, `external` does not define a module domain. `external` is a kernel function.

If additionally the file `mname.`*mdg* exists (see section 7.2), it is expected to contain **MuPAD** objects which are loaded and linked to the function environment. If an error occurs while loading these objects, a warning is displayed and **MuPAD** retries to load them with each call of the corresponding module function.

Changes:

1.4   —   The order of the function arguments changed.

Examples:

```
>> Where:= external("stdmod","which"):
   Where("stdmod");

    "/usr/local/MuPAD/i386/modules"
```

See also:

`export, loadmod, unloadmod`

`loadmod` – **Loads a module**
   V1.4

Call:

`loadmod(mname)`
`loadmod()`

Parameter:

`mname`   —   character string, name of a module

Synopsis:

`loadmod` loads the module `mname` and defines -similar to `loadlib` when loading a library package- a module domain named `mname`. If the global identifier `mname` had any value before, this is overwritten and a warning message is displayed. loadmod is a kernel function. It returns the newly created module domain.

The name mname must be given without a path and suffix. Paths and the module search order can be changed using the MuPAD variable READ_PATH.

If mname is not a pseudo module (section 4.7.1) the corresponding module binary file name.*mdm* is first searched for in the paths given by READ_PATH, then in the current directory and finally in the module default directory.[2] If it cannot be loaded, the evaluation is aborted with an error message.

If additionally the file mname.*mdg* exists (see section 7.2), it is expected to contain MuPAD objects which are loaded and linked to the module domain respectively to the function environments of the module functions. If an error occurs while loading these objects, a warning message is displayed and MuPAD retries to load them with each call of the corresponding module function.

The machine code of mname is only loaded if it is not already linked, if it was automatically displaced or if it was unloaded by the user. The module domain will be recreated with each call of loadmod and the file mname.*mdg* is reloaded.

In addition to mname.*mdm* a text file mname.*mdh* (see section 2.4) may exist. It is expected to contain formatted plain text help pages for this module. They can be read using the module function mname::doc().

Calling loadmod without any arguments it returns TRUE if the current kernel supports dynamic modules and FALSE otherwise.

Examples:

```
>> loadmod("stdmod"); worker:= loadmod("slave");

    stdmod
    slave
```

See also:

export, external, info, loadlib, unloadmod

---

unloadmod – Unloads a module
V1.4

Call:

unloadmod(< mname <, Force > >)

---

[2]On Apple Macintosh PowerPC and Windows 95/NT systems the search order may differ.

Parameter:

mname   — character string, name of a module

Synopsis:

unloadmod displaces the machine code of the module mname from memory. If
no argument is given, MuPAD tries to unload all modules. Identifiers that were
defined and assigned by use of the functions loadmod and external remain
unchanged and valid. unloadmod is a kernel function. It returns the object of
type DOM_NULL.

If a function of a displaced module is called, the corresponding machine code is
reloaded automatically, transparently to the user. In contrast to the function
loadmod in this case no global identifiers are defined respectively redefined.

If an error occurs while unloading a module, unloadmod aborts the current
evaluation with an error message. This is also done if unloadmod tries to unload
a module that was declared to be static (refer to section 4.7.1).

The option Force enables the user to explicitly unload a static module. The
user has to make sure that its machine code is not needed anymore!

Examples:

```
>> loadmod("stdmod"):
   unloadmod():
   stdmod::which("stdmod");

    "/usr/local/MuPAD/i386/modules"
```

See also:

external, loadmod

2.2   Extended Module Management

The library package module implements the user interface to access modules
and module functions and to control the module management. It provides
functions to read module online documentation (refer to section 2.4), to control
the module displacement strategies and to display information about currently
loaded modules.

This package uses the built-in functions external, loadmod and unloadmod
(section 2.1) as well as the dynamic module stdmod.[3] The following library
functions are available: age, displace, func, help, load, max, stat, which.

---

[3] stdmod is distributed with all MuPAD versions which support dynamic modules.

age – Controls module aging
   V1.4

Call:

age(< maxage <, interval > >)

Parameter:

maxage   —   integer in the range [0..3600]
interval   —   integer in the range [1..60]

Synopsis:

If aging is active, modules are displaced when they reach a maximum age defined by the user. The age of a module is measured in seconds that pass between two successive accesses to this module, i.e. loading its machine code or calling one of its module functions.

age returns the current maximum age for modules. If **maxage** is greater than zero, the maximum age is set to it and module aging is activated. The optional parameter **interval** specifies the minimum time interval between two successive calls of the aging algorithm. If **maxage** is zero, module aging is deactivated. This function uses the module function stdmod::age.

Examples:

```
>> module::age(300,30):
   module::age(60);

   60
```

See also:

module::max, module::stat

displace – Unloads a module
   V1.4

Call:

displace(< mod >)

Parameter:

mod   —   string, identifier or module domain

Synopsis:

displace unloads the machine code of the module mod from the main memory by utilizing the built-in function unloadmod (page 13).

Examples:

```
>> module(stdmod): module::displace(stdmod): type(stdmod);
```

```
    DOM_DOMAIN
```

See also:

module::load, unloadmod

---

func – Creates a module function environment
   V1.4

Call:

func(mod, fun)

Parameter:

mod	—	string, identifier or module domain
fun	—	string, identifier or function environment

Synopsis:

func creates and returns the function environment (DOM_FUNC_ENV) of the module function mod::fun by utilizing the built-in function external (page 11). module("mod","fun") is a shortcut for module::func("mod","fun").

Changes:

1.4   —   The order of the parameter mod and fun switched.

Examples:

```
>> module::func(stdmod,"which")("stdmod");
```

```
    "/home/andi/MuPAD/i386/modules/stdmod.mdm"
```

See also:

external, loadmod

help – **Displays module online documentation**
V1.4

Call:

help(mod <, fun >)

Parameter:

mod	—	string, identifier or module domain
fun	—	string, identifier or function environment

Synopsis:

help displays the introductional page of the plain text online documentation of the module mod respectively the help page of the module function mod::fun. Both descriptions are read-out from the file mod.mdh which has a special format. It consists of a so-called general information page, followed by a list of module function help pages. Refer to section 3.4 for details. If the help file mod.mdh cannot be found, help aborts the current evaluation with an error message.

The search paths and order for the help file is equivalent to the one used by the function which. In addition to this, the help file is also searched for in the MuPAD plain text help directory $MuPAD_ROOT_PATH/share/doc/ascii. This function uses the module function stdmod::help. Also refer to section 2.4.

Examples:

```
>> module::help(stdmod):

   MODULE:
       stdmod - MuPAD standard module (module management)

   DESCRIPTION:
       This module contains a set of elementary functions to con-
       trol the module management.  They are used by the library
       package "module".

   INTERFACE:
       age, help, max, stat, which
```

See also:

module::which

load – **Loads a module**
   V1.4

Call:

load(mod)

Parameter:

mod   —   string, identifier or module domain

Synopsis:

load loads the module mod and returns its module domain by utilizing the built-in function loadmod (page 12). The function call **module(mod)** is a shortcut for module::load(mod)

Changes:

1.4   —   module(Path=*path*, mod) specifies to look for the module in
                the directory *path* first.

Examples:

```
>> module(stdmod);
   type(stdmod);


   stdmod
   DOM_DOMAIN
```

See also:

loadmod, module::displace

max – **Limits number of simultaneously loadable modules**
   V1.4

Call:

max(< num >)

Parameter:

num   —   integer in the range [1..256]

Synopsis:

`max` returns the maximum number of simultaneously loadable modules (default 16). If `num` is out of range or is less than the number of currently loaded modules, `max` aborts with an error message. Otherwise, the new maximum is set to `num`.

If the maximum number of simultaneously loadable modules is reached, any additional module subsequently displaces a previously loaded one chosen by the method *least recently used.* `max` uses the module function `stdmod::max`.

Examples:

```
>> module::max(), module::max(5);
    0, 5
```

See also:

`module::age`, `module::stat`

---

stat – Displays the state of the module management
   V1.4

Call:

`stat()`

Synopsis:

`stat` displays the current state of the module management by utilizing the module function `stdmod::stat`. Besides the names of all currently loaded modules, the function displays some internal information.

Examples:

```
>> module::stat():

    ==============================================================
    M-Path: /home/andi/mupad/i386/modules
    [...]
    --------------------------------------------------------------
    stdmod   : age=      0 | flags = {}
    mp       : age=    241 | flags = {static}
    ==============================================================
```

See also:

`module::age`, `module::max`

---

which – Returns the pathname of a module
V1.4

Call:

which(mod)

Parameter:

mod   — string, identifier or module domain

Synopsis:

which returns the full pathname of the module mod respectively the value FAIL
if the module file cannot be found. The file mod.*mdm* is first searched for in the
paths given by the MuPAD variable READ_PATH, then in the current directory
and finally in the module default directory.

For pseudo modules, the function always returns the module default directory,
which is usually $MuPAD_ROOT_PATH/*system*/modules/.

Examples:

```
>> module::which( stdmod );

   "/home/andi/MuPAD/i386/modules/stdmod.mdm"
```

```
>> module::which( "mymodule" );

   "./mymodule"
```

```
>> module::which( "muff" );

   FAIL
```

See also:

module::help, module::load

2.3   Module Domain Representation

Like MuPAD library packages, modules are represented as *domains* - the so-
called *module domain* (see page 38). Refer to the *MuPAD User's Manual* [50]
section 2.3.18 for detailed information about domains in MuPAD (DOM_DOMAIN).

Furthermore, library packages and modules both provide the same predefined
default methods which implies that modules are used in exactly the same way
as the well known library packages. For example, module functions are called
using the syntax *module* : : *func* (). The command info(*module*) displays in-
formation about *module* and export(*module*) makes all local methods defined
in the interface of *module* global. Examples are given in section 1.2.2.

The concept of domains allows to implement user-defined data types in the
MuPAD programming language. Since modules are represented as domains they
can be used to define new data types by utilizing the flexibility and efficiency
of the C/C++ programming language.

More information about predefined and reserved methods of module domains
are given in section 3.3. For information about user-defined data types refer to
the *MuPAD User's Manual* [50] section 2.3.19.

2.4   Module Online Documentation

Module online documentation may be provided in form of a simple formatted
plain text file *mod* .mdh and can be displayed during a MuPAD session -after
loading the module *mod*- using the module function *mod* : : doc.

The module documentation file *mod* .mdh has a special format which is specified
in section 3.4. It consists of a so-called general information page followed by a
list of module function help pages.

The function call *mod* : : doc() displays the general information page of the
module *mod* whereas *mod* : : doc("*func*") displays the help page of the module
function *mod* : : *func*. The module function *mod* : : doc interfaces the library
function module: : help (refer to page 17).

3. Introduction to Module Programming

This chapter gives an overview of the tasks which need to be carried out for writing and creating modules. General aspects of the module source code and the compilation of modules are discussed. Special module methods are listed and the format of module documentation files is explained.

3.1 Module Source Code

Module sources can consist of any C/C++ code. To make this code available in a MuPAD session, interface functions, the so-called *module functions*, have to be implemented. They can be executed by the user during a session and may internally use any other C/C++ code and corresponding machine code linked to the module.

Since module functions become a dynamic part of the MuPAD interpreter when loading the module, they must have a very special format. They have to be always defined by use of the keyword MFUNC (see section 6.2) and they use a special style for receiving incoming function arguments (section 6.2.1) and for returning function results (section 6.2.2).

Implementing modules is facilitated by the MuPAD *Application Programming Interface (MAPI)*. It provides a set of definements, variables and routines for creating, manipulating and converting MuPAD objects and for accessing essential MuPAD kernel routines as well as built-in and library functions.

Three levels of writing modules can be distinguished which require an increasing knowledge about the internal structure of the MuPAD system:

1. *Operating on C/C++ data types*: This is very simple. One can use the conversion routines described in section 6.5 to convert incoming function

arguments from **MuPAD** into C/C++ data types and vice versa to convert function results from C/C++ into **MuPAD** data types[1].

To operate on constructed **MuPAD** data such as lists (`DOM_LIST`), sets (`DOM_SET`) and polynomials (`DOM_POLY`). Read also 6.6, 6.7.1 and 6.7.

2. *Integration of software packages*: This requires the implementation of data conversion routines. If the software package uses data types which are directly based on C/C++ types, data conversion can be done as described above. If special formats are used, e.g. for arbitrary precision numbers (section 4.5.4), new conversion routines have to be written by the user. Examples for this are given with the applications in chapter 10.

   Linking external software packages to **MuPAD**, might cause naming conflicts in some rare cases. Refer to section 9, *Trouble Shooting*, to read how to avoid respectively work around these problems.

3. *Implementing* **MuPAD** *algorithms*: This requires the user to know about the structure of **MuPAD** data types and how to construct and manipulate them. Refer to sections 6.6, 6.7 and 4.4 for details.

It is strongly recommended to read chapter 4, *Inside MuPAD*, to get basic knowledge about the internal structure of **MuPAD**, its memory and module management system and the representation of **MuPAD** data types.

3.2   Creating Binary Code

To compile and link module source code into an executable module the so-called module generator (**mmg**, chapter 5) is used. Calling **mmg**, the user's source code is analyzed and extended by some additional code for the module management. It is then compiled and linked into a loadable dynamic module which can be used instantly from within **MuPAD**.

As a default, the standard C++ compiler of the operating system is used, but this can be changed by the user to use either the GNU C++ compiler or any other one. Refer to section 5.2.1 and 5.2.2 for detailed information.

As usual, modules can use any functions of other C/C++ shared libraries, too. The module generator just must be told which libraries have to be linked additionally. Libraries compiled from other programming languages, e.g. such as PASCAL, may also be integrated if this is supported by the C++ compiler and linker of the corresponding operating system. Refer to section 5.2 for additional information.

---

[1]**Note:** Conversion is limited to the hardware representation of machine numbers.

3.3   Predefined Methods and Reserved Names

Like MuPAD library packages, module domains contain some predefined methods. These are reserved and should not be redefined by the user:

- **name** contains the user-defined name of the module.

- **key** contains the internal name of the module (typically equal to **name**).

- **info** is a short user information string which can be displayed after loading the module using the function **info** (also see page 5). This string can be set with the module generator option **-V**.

- **interface** contains the set of names of those functions which serve as the user interface of this module. This information is displayed by the function **info** and is used by **export** (also see page 6) to make these names global within MuPAD.

- **doc** displays the module plain text online documentation if available. Refer to section 2.4 for details.

In addition to these names, the following domain methods have a special meaning to dynamic modules. They are allowed to be defined (respectively redefined) by the user when writing modules:

- **initmod** is executed directly after the module was loaded and the module domain is created using the function **loadmod**. It can be used to initialize the module or to display control messages.

- **new** is a special domain method which is usually used for creating new domain elements. If **ddd** is a domain (**DOM_DOMAIN**) then the function call **ddd()** is a shortcut for **ddd::new()**.

Refer to the *MuPAD User's Manual* [50] section 2.3.19.1, *Internally Used Methods* to read about other special methods of module and library domains.

3.4   Online Documentation File Format

The plain text file *mod*.mdh can be used to provide online documentation for a dynamic module **mod**. This file must be placed either in the same directory as the module file *mod*.mdm itself or in the MuPAD directory for plain text help pages[2]. Otherwise it may not be found by the MuPAD kernel. Refer to section 2.4 to read about displaying these documents within a MuPAD session.

---

[2]On UNIX operating systems this is **$MuPAD_ROOT_PATH/share/doc/ascii/**, where **$MuPAD_ROOT_PATH** is the directory where MuPAD is installed in.

The format of the plain text documentation file is very simple. The file starts with any text that is expected to be the *general information page* of the corresponding module. The rest of the file consists of text blocks of the format:

<!-- BEGIN-FUNC *func* -->

help page for function *mod* :: *func*

<!-- END-FUNC -->

Any other text outside of these blocks is ignored. This kind of start and end tags for help pages was chosen to enable the user to include these pages into Internet web pages without reformatting them. However, no further HTML code must be used within the module documentation file.

To keep the layout of all module online documentation uniform and to make reading them easy for the user, writers should follow the conventions of the module documentation style:

- The module documentation should always be written in English to make it readable for users all over the world.

- The documentation should be subdivided into a *general information page* and *help pages* for all module functions as described below.

- Some meaningful examples should be given with each module function help page. Because examples often tell more than words can say.

- The length of lines should not exceed 70 characters to support reading this documentation on small computer screens respectively within small application windows.

3.4.1 General Information Page

The *general information page* is the front page of every module documentation. It consists of three sections which introduce the module to the user:

1. *MODULE:* This section contains the module name and a short, one line description of the module.

2. *DESCRIPTION:* This section contains a detailed description of the module including information about algorithms or external software packages that are integrated, an ftp address where this module can be copied from -if it is freely available- and an email address for bug reports.

3. *INTERFACE:* This section contains the list of module functions which are available with this module and are intended to be used directly.

The example shows the general information page of the dynamic module `stdmod`:

```
MODULE:
  stdmod - MuPAD standard module (module management)

DESCRIPTION:
  The module "stdmod"  contains a set of basic functions to control the
  module management  and to display module online documentation.  It is
  distributed with MuPAD  and is used by  the library package  "module"
  which perfoms the user interface to the module manager. Please report
  bugs via email to bugs@mupad.de.

INTERFACE:
  age, help, max, stat, which
```

3.4.2 Function Help Pages

The help pages of module functions consist of six sections whose format and semantics is similar to that used in **MuPAD** hypertext help pages and also compares to the format of UNIX manuals (man pages):

1. *FUNCTION:* This section contains the name and a short, one line description of this module function.

2. *SYNOPSIS:* This section shows how the function has to be called, including its parameter(s) and optional arguments.

3. *PARAMETER:* This section contains a short, one line description of every parameter and option listed in the *SYNOPSIS* field. The description should inform about the expected data types and their semantics.

4. *DESCRIPTION:* This section contains a detailed description of the function including information about its parameter, return value and, if necessary or useful, the algorithm that is used.

5. *EXAMPLES:* This section contains one or more examples consisting of alternating input and output regions.

6. *SEE ALSO:* This section contains a list of related **MuPAD** functions.

The example below shows the help page of the module function `stdmod::which`.

```
<!-- BEGIN-FUNC which -->
FUNCTION:
  which - Returns the pathname of a module

SYNOPSIS:
  stdmod::which( mstring )

PARAMETER:
  mstring - character string, name of a module

DESCRIPTION:
  Returns the pathname of the module "mstring" or the value  FAIL if it
  cannot be found.  The file "mstring.mdm" is first searched for in the
  paths given by the MuPAD variable READ_PATH, then in the current work-
  ing directory and finally in the default module directory. For pseudo
  modules,  the function  always returns  the default module directory,
  usually "$MuPAD_ROOT_PATH/<SYSTEM>/modules".

EXAMPLES:
  Call #1:   stdmod::which( "stdmod" );
             "stdmod.mdm"

  Call #2:   stdmod::which( "muff" );
             FAIL
SEE ALSO:
  stdmod::help, module::which
<!-- END-FUNC -->
```

4. Inside MuPAD

This chapter provides technical information about the **MuPAD** system in general and the **MuPAD** kernel including the interpreter, the memory management system, essential **MuPAD** data types and their internal representation as well as the module management system.

4.1 System Components

The **MuPAD** system consists of four components (figure 4.1): The *front end* (notebook, graphics and debugger) acts as a convenient user interface to the features of the **MuPAD** *kernel*. The kernel is the heart of the **MuPAD** system. It defines the high-level programming language of **MuPAD** as well as the basic set of very efficient functions for arbitrary precision arithmetic and the manipulation of symbolic expressions, the so-called *built-in functions*.

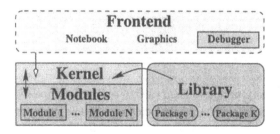

Figure 4.1: Components of the **MuPAD** System

The third component is the **MuPAD** library which contains most of the mathematical knowledge of the **MuPAD** system. It consists of so-called *library packages* containing *library functions*. They implement sophisticated high-level algorithms such as symbolic integration or the factorization of multivariate polynomials. Library functions are written in the **MuPAD** programming language and are interpreted (evaluated) by the kernel at run-time. Writing library functions is easy and comfortable since the MuPAD language provides high-level data structures such as lists, tables, arrays etc. and a powerful instruction set for implementing complex mathematical algorithms. However, due to the fact that this language was designed for mathematical computations, it is somewhat restricted. For example, users cannot implement functions which directly access machine floating point numbers or integrate foreign software packages on this programming level. Both require a low-level language such as C/C++.

Last but not least there are *dynamic modules*. They are dynamic kernel extensions which can be loaded and also be unloaded during a MuPAD session. They consist of so-called *module functions*, written in the C/C++ programming language, and enable users to extend the MuPAD kernel.

4.2   The Kernel

Figure 4.2 shows a simplified diagram of the MuPAD kernel. It consists of four main components: the memory management system (section 4.4, *MAMMUT* [30]), the arbitrary precision arithmetic package (*PARI* [4]), the module manager (section 4.7, *MDM* [40]) and the *interpreter* (section 4.3) including the *I/O system*, the *evaluator* and *simplifier* as well as all *built-in functions*.

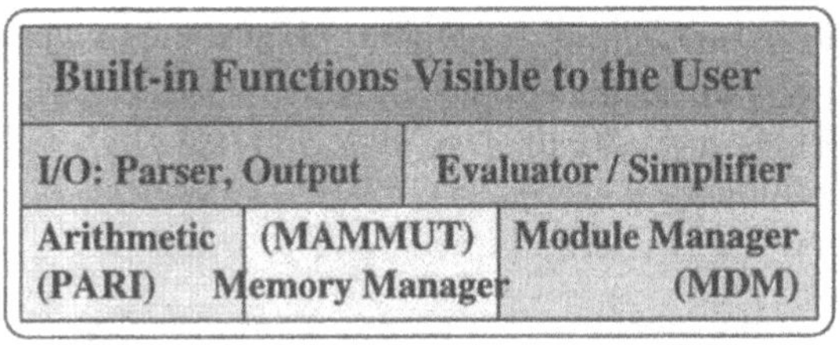

Built-in Functions Visible to the User	
I/O: Parser, Output	Evaluator / Simplifier
Arithmetic (MAMMUT)	Module Manager
(PARI) Memory Manager	(MDM)

Figure 4.2: Components of the MuPAD Kernel

MuPAD built-in functions are written in C/C++ and compiled to machine code. Due to this fact, they are very fast in contrast to the interpreted library functions. They are a static part of the kernel. Thus they cannot be changed or extended by the user. Kernel extensions can be implemented by utilizing the concept of dynamic modules. The following sections provide brief introductions to the MuPAD interpreter, the memory and module management system.

4.3   The Interpreter

The task of the MuPAD interpreter is to compute, we say to *evaluate*, user input and MuPAD library functions. For this, both are first processed by the *parser* which reads-in the commands given in the **MuPAD** language and transforms them into the internal representation of **MuPAD** objects. This representation is based on trees which are built up of nodes of the constructed C/C++ data type MTcell. Refer to section 4.4.1 for details.

To compute a **MuPAD** command means to evaluate such a tree recursively by visiting each node in preorder, substituting it with its derivation. The result of this process is a new tree which is transcribed into a user readable output and is displayed by the *I/O system* respectively the **MuPAD** front end.

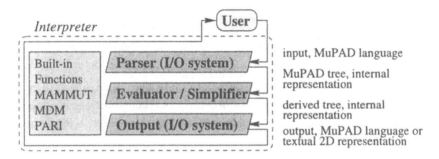

Figure 4.3: The **MuPAD** Interpreter

The evaluator as well as all built-in functions operate on **MuPAD** objects such as various types of numbers, strings and high-level data structures such as lists, tables, polynomials, matrices etc. An overview over essential **MuPAD** data types and their internal representation is given in section 4.5.

For constructing and manipulating **MuPAD** objects the memory management system *MAMMUT* is used. So, basic knowledge of it is required before starting to write module functions. The following section gives a brief introduction.

4.4   Memory Management System

The **MuPAD** memory management system *MAMMUT* [30] emulates a virtual *shared memory* machine and supports the programming of parallel algorithms using the *PRAM* model. All trees of the internal data representation of **MuPAD** objects are built up from *nodes*, so-called *cells*, of the constructed C/C++ data type MTcell. Such a cell is the smallest and atomic object of *MAMMUT*.

4.4.1   Internal Data Type MTcell

As shown in figure 4.4, each **MuPAD** cell (MTcell) consists of a so-called *header*, a *memory block* and a *point block*. The point block is a list of pointers which refer to the children of the cell (node of a tree) whereas the memory block may contain internal C/C++ data such as numbers -e.g. *PARI* numbers-, character strings -e.g. of **MuPAD** character strings or identifier- etc.

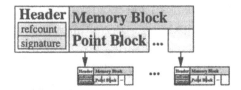

Figure 4.4: Structure of a MuPAD cell (MTcell)

The header is used to control the cell within the virtual shared memory. It contains attributes for status information such as the *signature* (section 4.4.2) and the *reference counter* (section 4.4.3) which are described below.

Usually, module programmers directly access only the point block of a cell when constructing or manipulating **MuPAD** objects. Basic routines available to directly operate on cells are described in section 6.6. Also refer to **MFglobal**.

4.4.2 Signatures

The signature is an integer number, a kind of check sum for **MuPAD** cells. It is used to speed up comparisons of **MuPAD** cells and trees and also defines an internal order of the **MuPAD** objects (see section 6.4.1). After constructing or manipulating **MuPAD** objects such as lists or expressions (refer to figure 4.6), the user has to make sure that the signature of the corresponding cell, and its parents, is recalculated using the routine **MFsig**. Otherwise two objects may not be noticed as equal even if they are.

4.4.3 Reference Counter

The reference counter is an integer number. Some data within the pool of **MuPAD** objects are stored as *unique data*.[1] That is, they only exist once and there is no other object equal to it within the pool. To allow these objects to be used (referenced) more than once at a time, e.g. within different data structures or in form of multiple references as of identifier 'a' in figure 4.5, a concept of reference counting is used. For every new reference to a cell, the corresponding reference counter is incremented by one. When a reference is removed since it is not needed any longer, the counter is decremented by one.

In figure 4.5 the sub-expression 'a' is referenced twice in the list, meaning that its reference counter was set to two. If 'b' is to be replaced by a third reference

---

[1]Examples of MuPAD objects which are stored as unique data are listed in section 6.7.1.

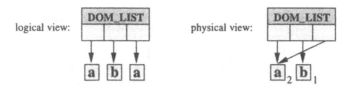

Figure 4.5: Unique Data Representation

to 'a', the user must make sure, that the reference counter of 'a' is incremented by one. This is done using the routine **MFcopy** which creates a so-called *logical copy* of a **MuPAD** object.

In contrast to **MFcopy**, the routine **MFchange** creates a so-called *physical copy* of a **MuPAD** object. This is done by allocating new memory and copying the contents of the object into the new memory space. This function is used only if an object is manipulated physically, e.g. when exchanging a sub-expression which means to exchange an entry of the point block, and any side-effects must be avoided. In any other case logical copies are preferred, because they do not occupy additional amount of memory and speed up comparisons.

Note: Each copy and newly created **MuPAD** object must be destroyed by use of routine **MFfree** when it is not needed any longer. This is important since **MuPAD** performs no *garbage collection* during evaluation, but only after evaluation.

4.4.4   C Memory Management

In some cases the user might wish to allocate memory space independently from the **MuPAD** memory management system. This should be avoided, if possible. But if it is needed, instead of the C standard routines **malloc** and **free** the equivalent **MuPAD** routines **MFcmalloc** and **MFcfree** should be used. These routines can handle memory allocation and de-allocation on all platforms and operating systems supported by **MuPAD**.

Detailed information about the **MuPAD** memory management system and its programming interface are given in the **MuPAD** Report *MAMMUT* [30].

4.5   Data Types

This section introduces essential **MuPAD** data types and explains how they are supported by the **MuPAD** *Application Programming Interface* (*MAPI*). However, it is also recommended to read the *MuPAD User's Manual* [50] section *2.3 Basic Types* for additional information about **MuPAD** data types and their usage.

Table 4.1: MuPAD Kernel Data Types (basic domains)

Data Type	Creation	Refer to	Description
DOM_FAIL	MVfail	4.5.1, 6.7.1	object FAIL
DOM_NIL	MVnil	4.5.1, 6.7.1	object NIL
DOM_NULL	MVnull	4.5.1, 6.7.1	null (empty) object
DOM_IDENT	MFident	4.5.2, 6.7.2	identifier
DOM_STRING	MFstring	4.5.2, 6.7.2	character string
DOM_BOOL	MFbool, MFbool3	4.5.3, 6.7.3	2/3-state boolean
DOM_APM	MF, MFpari	4.5.4	integer $|i| \geq 2^{31}$ [*]
DOM_COMPLEX	MFcomplex	4.5.4, 6.7.4	complex number
DOM_FLOAT	MFdouble	4.5.4	fp number (double)
DOM_INT	MFlong	4.5.4	integer $|i| < 2^{31}$ [*]
DOM_RAT	MFrat	4.5.4, 6.7.4	rational
DOM_ARRAY	MFlist2array	4.5.7, 6.7.11	n-dim array
DOM_POLY	MFlist2poly	4.5.7, 6.7.12	polynomial
DOM_EXPR	MFnewExpr	4.5.5, 6.7.6	expression
DOM_EXT	MFnewExt	4.5.5, 6.7.7	domain element
DOM_LIST	MFnewList	4.5.5, 6.7.5	list
DOM_DOM	MFnewDomain	4.5.6, 6.7.10	domain
DOM_SET	MFnewSet	4.5.6, 6.7.8	finite set
DOM_TABLE	MFnewTable	4.5.6, 6.7.9	table

[*] On some systems the limit may be 2^{63}. Refer to MFisApm and MFisInt.

4.5.1 Special MuPAD Objects

The objects FAIL (DOM_FAIL), NIL (DOM_NIL) and null() (DOM_NULL) are special to MuPAD and expected to be stored as unique data (section 4.4.3). Thus, they must not be physically copied. They are predefined by *MAPI* as the variables MVfail, MVnil and MVnull (section 6.7.1) and can be used in form of logical copies. Refer to table 4.1 for additional type information.

4.5.2 Strings and Identifiers

Identifiers (DOM_IDENT) and character strings (DOM_STRING) are created from C/C++ character strings using the conversion routine MFident (respectively MFstring). Both are classified as character based data types, called the *MAPI* type MCchar, which can be used as an argument for the routine MFargCheck. The data type MCchar can also be checked using the routine MFisChar. Refer to table 4.1 for additional type information.

4.5.3   Booleans

DOM_BOOL provides a 3-state logic using the values TRUE, FALSE and UNKNOWN. These objects are expected to be stored as unique data (section 4.4.3) and thus must not be physically copied. They are predefined as the variables MVtrue, MVfalse and MVunknown (section 6.7.1) and can be used in form of logical copies.

Conversion between MuPAD Booleans and C/C++ Booleans can be done using the routines MFbool and MFbool3. Due to the fact that programmers mostly need a 2-state logic as usual in C/C++, MFbool converts the MuPAD value UNKNOWN into the C/C++ value false. If the user wishes to use a 3-state logic even on a C/C++ level, he/she explicitly has to use the routine MFbool3. Refer to table 4.1 for additional type information.

4.5.4   Numbers

MuPAD provides integer (DOM_INT) and floating-point (DOM_FLOAT) numbers, as well as rational (DOM_RAT) and complex (DOM_COMPLEX) numbers for doing arbitrary precision arithmetic. For this, parts of the arbitrary precision arithmetic package *PARI* [4] are used inside MuPAD.

In contrast to the MuPAD language, on the C/C++ level integer numbers are subdivided into DOM_INT and DOM_APM (arbitrary precision), depending on their size (refer to table 4.1). Both are classified as integers, called the *MAPI* type MCinteger, which can be used as an argument for the routine MFargCheck. The data type MCinteger can also be checked using the routine MFisInteger.

Additionally, the types listed above are classified as numbers, called the *MAPI* type MCnumber, which can be used as an argument for the routine MFargCheck. The type MCnumber can also be checked using the routine MFisNumber.

MAPI provides basic routines to convert MuPAD numbers into/from C/C++ numbers (section 6.5) and fast arithmetic on arbitrary precision numbers with a direct interface to the most relevant *PARI* routines (section 6.9).

To convert MuPAD numbers into/from other arbitrary precision number representations, e.g. GMP^2, the user must extract the *PARI* number from -and reembed it into- a MuPAD cell by use of routine MFpari (section 6.5.2) and directly convert the C/C++ representation of the *PARI* number. An example for this is given with the *GMP* interface described in section 10.4.1.

On the other hand arbitrary precision number conversion can be done using the representation as a C/C++ character string as an intermediate format. This method is simple but slow and should be avoided, if possible. Refer to table 4.1 for additional type information.

---

[2]Gnu Multi Precision package, available on several sites via ftp, e.g. from sunsite.

4.5.5   Lists, Expressions and Domain Elements

Lists (DOM_LIST), expressions (DOM_EXPR) and domain elements (DOM_EXT) are
internally represented as a special kind of C/C++ vectors. Figure 4.6 shows
their representation as trees built-up from **MuPAD** cells as well as the semantics
of their operands, respectively elements (children).

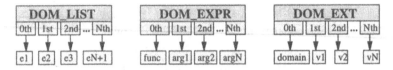

Figure 4.6: Structure of Lists, Expressions and Domain Elements

Lists, expressions and domain elements can be constructed and manipulated
with the routines listed in section 6.7.5 *Lists*, section 6.7.6 *Expressions* and sec-
tion 6.7.7 *Domain Elements*. Refer to table 4.1 for additional type information.

4.5.6   Sets, Tables and Domains

Sets (DOM_SET), tables (DOM_TABLE) and domains (DOM_DOMAIN) are dynamic
data structures implemented as associative lists (so-called *hash tables*[3]).

Sets and tables can either be converted from/into **MuPAD** lists (DOM_LIST) or
be constructed and manipulated with the routines listed in section 6.7.8 *Sets*
and section 6.7.9 *Tables*.

Domains (refer to domains [7]) can be constructed with the routines listed
in section 6.7.10 *Domains*. Refer to section 2.3 to read about the domain
representation of modules. Refer to table 4.1 for additional type information.

4.5.7   Arrays and Polynomials

The data type DOM_ARRAY represents n-dimensional arrays and is used as the
basic data structure for the implementation of the **MuPAD** high-level domain
Dom::Matrix which is used in the linear algebra package of **MuPAD**. Refer to
the library documentation linalg [33] for detailed information about creating
and using matrices in **MuPAD**.

The data type DOM_POLY is used to represent multi-variate polynomials over
arbitrary rings and several monomial orderings. Refer to the library docu-
mentation polynomials [11] for detailed information about creating and using
polynomials in **MuPAD**.

---

[3]The *hash function* uses the signature of a MuPAD cell for hashing.

Since directly constructing arrays and polynomials on a C/C++ level is somewhat awkward, *MAPI* supports creating -respectively converting- them from MuPAD lists (DOM_LIST) which can be constructed very easily. Refer to section 6.7.11 *Arrays* and section 6.7.12 *Polynomials* as well as section 4.5.5 for detailed information. Refer to table 4.1 for additional type information.

4.5.8   Other Data Types

Besides the essential basic domains listed in table 4.1 MuPAD provides further data types: DOM_FUNC_ENV, DOM_EXEC, DOM_POINT, DOM_POLYGON, DOM_PROC, and more. They are currently not fully supported by the *MuPAD Application Programming Interface*. For additional information about these data types refer to the *MuPAD User's Manual* [50].

For examples on constructing and operating on objects of these kinds of data types refer to section 6.7.13.

4.6   Displaying MuPAD Objects

MuPAD is available for several computer platforms and operating systems with different window systems and different input and output concepts. To write portable modules, programmers must not use any input/output functions which are specific to the operating and/or window system.

As an alternative *MAPI* provides the routine MFout for displaying MuPAD objects and MFputs and MFprintf for displaying C/C++ data. The last ones behave similar to the C/C++ standard routines printf and puts. Read section 6.10.1 for detailed information about input and output in MuPAD.

4.7   Module Management System

The basic concept of dynamic modules as well as their usage was introduced in section section 1.2. Now, some technical information about the module manager and the linkage of dynamic modules is given. The complete technical description of this concept and its implementation in MuPAD 1.2.2 is available with the *MuPAD Report Dynamische Module* [40].

As MuPAD kernel functions, module functions are also written in the C/C++ programming language. They are compiled into a special kind of a *dynamic library* respectively *shared library* (machine code), which can dynamically be linked into the MuPAD kernel at run-time. Figure 4.7 shows a simplified scheme of the MuPAD module management system.

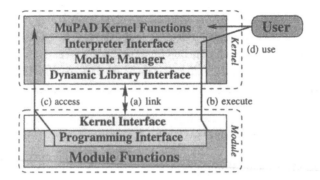

Figure 4.7: Scheme of the Module Management

When loading a dynamic module, the *dynamic library interface* of the MuPAD kernel loads and links the module machine code file (figure 4.7 (a)). In cooperation with the module *kernel interface*, module functions and their names are collected. They are registered by the *module manager* and propagated to the *interpreter interface* to make them public to the MuPAD interpreter and with this also to the user (refer to figure 4.8).

The embedding of machine code of module functions into the MuPAD interpreter is done in the same way as with built-in functions using the MuPAD data structures DOM_EXEC and DOM_FUNC_ENV[4].

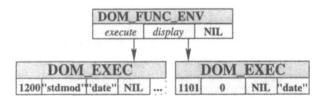

Figure 4.8: Function Environment of a Module Function

These data structures (figure 4.8) contain all information needed to jump into the machine code of the corresponding module function (figure 4.7, (b)): the key of the module manager service routine and the module name as well as the module function name.

Furthermore, modules are organized in the same way as library packages by storing the module function environments in a domain. After this, the module functions are available to the user similar to library functions and can be used as usual (figure 4.7, (d)). The user sees no difference in using libraries and modules. Refer to section 2.3 for additional information.

After linking a module, the *kernel interface* provides access to (nearly) all internal MuPAD kernel objects (figure 4.7, (c)) and enables module programmers

---

[4]Refer to the MuPAD User's Manual [50], section 2.3.16 *Function Environments*, section 2.3.17 *Directly Executable Objects* and the function built_in for detailed information.

to use internal routines and variables of the MuPAD kernel. Kernel access can be established with different methods for address evaluation of kernel objects. They are discussed in section 4.7.3. Access to essential kernel routines and variables is facilitated by the MuPAD *Application Programming Interface (MAPI)*.

When loading a module, the module manager also looks for a file *mod*.mdg, with *mod* is the name of the module to be loaded. It may contain *module procedures* (section 7.2.1) as well as other (currently undocumented) objects which are read-in and bound to the module domain respectively the function environments of the module functions. Refer to function module::load for additional information.

4.7.1   Dynamic, Static and Pseudo Modules

Until now, only dynamic modules were discussed. In fact, the module manager distinguishes between three kinds of modules which differ slightly due to their linkage and their presence in main memory: *dynamic-*, *static-*, *pseudo modules*.

4.7.1.1   Dynamic Modules

Dynamic modules can be loaded and unloaded during a MuPAD session, meaning their machine code is dynamically linked and unlinked. This is the default case and provides the highest degree of flexibility and an economical resource management. However, in some cases it is useful to declare a modules as static.

4.7.1.2   Static Modules

Static modules are linked dynamically at run-time exactly as dynamic modules but cannot be displaced automatically by the displacement and replacement strategies of the module manager. Only the user can unload static modules using the function module::displace with the option Force.

Static modules are needed if parts of the module machine code are called asynchronously by passing the module manager (figure 4.7, (b)), e.g. if an interrupt handler is defined in the module. Or, if the module stores any kind of state or status information that must not get lost, e.g. an open file handle or a pointer to dynamically allocated memory.[5] Also refer to MFglobal.

Dynamic modules can be declared as static either by setting the module generator option -a static (section 5.4.1) when compiling the module source code or by declaring one of its module functions as static by use of the *MAPI* option MCstatic (table 6.1). Additionally, the attribute static can be set and reset at run-time using the *MAPI* routine MFstatic.

---

[5] When module code is unlinked from the kernel, all values of module variables get lost.

4.7.1.3 Pseudo Modules

Pseudo modules consist of machine code that is statically linked when creating the MuPAD kernel. From the user's point of view, pseudo modules provide the same functionality as static modules, but they cannot be unloaded in any way[6].

Pseudo modules may be used for special applications on those operating systems which do neither support dynamic linking nor related techniques.

4.7.2 Displacement and Replacement Strategies

The MuPAD interpreter interface and the module manager (figure 4.7) are completely independent from each other. Based on the capability to unlink machine code of dynamic modules at any time during a MuPAD session, the module manager is allowed to unload the code of any dynamic module which is not currently used. When the user calls a displaced function later, the module manager reloads the corresponding machine code automatically (*load on demand*) and transparently to the user.

To provide an economical resource management when using dynamic modules, automatic *displacement* and *replacement* strategies were implemented within the module manager. At present, the following strategies are used:

- *Lack Of Memory:* The memory management system as well as any kernel routine and module function can displace a module with respect to the method *least recently used.* Refer to the routine **MFdisplace**.

- The *Number Of Modules* is limited to 256 simultaneously loaded modules. It can be restricted further using the function **module::max**. If this limit is reached, new modules replace older modules with respect to the method *least recently used.*

- *Aging:* With the function **module::age** the user can define a maximum age (specified in seconds) for dynamic modules. Modules age if they are not used, i.e. the age rises in periods where none of their module functions are called. If the age of a module reaches the maximum age, its machine code is displaced automatically. Calling a module function or reloading a module resets the age of the corresponding module to zero.

Note: Displacement and replacement strategies do not effect static and pseudo modules because their machine code cannot be unloaded during a session.

---

[6]Option **Force** of function **module::displace** does not effect pseudo modules.

4.7.3   Address Evaluation for Kernel Objects

The technical realization of dynamic modules is based on the concept of *dynamically linked libraries* respectively *shared libraries*. Since some operating systems do not fully support dynamic linking of these kinds of libraries as needed for the concept of dynamic modules, extended methods for internal address evaluation of kernel objects were implemented. The critical point is, that some dynamic linkers do not automatically provide full access to the MuPAD kernel code for modules which are dynamically linked at run-time.

Figure 4.9 shows a simplified scheme of the extended address evaluation. Although this method looks somewhat awkward, in practice it is as fast as using the linkage provided by the C++ compiler and linker.

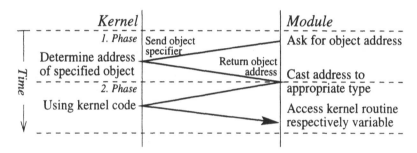

Figure 4.9: Accessing MuPAD Kernel Objects from a Module

The extended methods are compatible on all platforms and operating systems supported by MuPAD. Furthermore, they support linking of dynamic modules that have been compiled by some C++ compilers different from and incompatible with the one used by the developers for compiling the MuPAD kernel.[7] They are hence chosen as the default method for address evaluation of kernel objects within modules.

Creating a module with the module generator, the user can optionally choose between three kinds of address evaluation of kernel objects (section 5.4.1):

- **func:** (default) Address evaluation is done by a function call. Tracing of kernel entries is possible.[8]

- **table:** Address evaluation is done by directly reading-out a kernel address table. Module tracing cannot be supported here. Although this method is

---

[7]For example, the CC available with Solaris 2.5 and the GNU g++ 2.7.2 use different naming conventions for function and variable names in the symbol tables of machine code object files. Problems like this are well known in the context of software development using a heterogeneous compiler environment.

[8]Refer to **Pref::ModuleTrace()**. This feature is suitable for kernel developers only.

faster than the method **func**, in practice there seems to be no significant difference in the efficiency of all three methods.[9]

- **link**: Address evaluation is done by the operating system in combination with the C++ compiler and the dynamic linker.

Additional information about compiling and linking of modules are given with the description of the module generator in chapter 5.

---

[9]This statement may not be true with future versions or ports of the module manager for other operating systems and compilers. Therefore this option is offered to the user.

5. Module Generator

This chapter describes the concept and the usage of the module generator (mmg), emphasizing UNIX operating systems.[1] Essential options and keywords for controlling module creation and specifying module characteristics are introduced.

The module generator compiles and links module source code into an executable module (figure 5.1). While analyzing a source file xx.C, mmg creates a temporary file MMGxx.C which contains code extensions needed for the module management. Furthermore, a file xx.mdg may be created which contains MuPAD objects used by the module. MMGxx.C, including the user's source code, is then compiled into an object code file xx.o and finally linked to the module file xx.mdm. This can be loaded within MuPAD instantly by using the command module(xx).

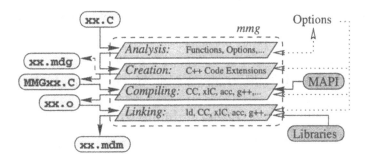

Figure 5.1: Scheme of the MuPAD Module Generator

The module generator must at least be given the name of the module source file to be processed. This file is called the *module main source file*.

If the module source code is split into several source files then refer to section 5.2.3 for information on compiling these files. However, all module *inline options*

---

[1]Users of Windows 95/NT and Apple Macintosh PowerPC systems should refer to section 8. Creating dynamic modules differs slightly for these systems.

(section 5.1.1) as well as all module functions (section 5.1.2) must be defined within the module main source file.

The executable dynamic module as well as all temporary files are placed in the current working directory, respectively in a directory specified by the user.

5.1   Analysis and Code Extension

5.1.1   Inline Options

mmg starts the analysis of the user source code by looking for so-called *inline option*. They can be inserted as expressions of the form

$$\text{MMG}(\ <system,>\ option =\ "value"\ )$$

where *value* is a character string containing mmg command line options as used on UNIX operating systems and *option* is one of the names listed in table 5.1.

Inline options are used to set module generator options. They overwrite command line options and must be placed in the module main source file before any definition of module functions. Inline option are ignored if they are nested within C/C++ comments.

Table 5.1 lists all inline options currently available and their corresponding mmg command line aliases as used on UNIX operating systems. For details about these options and their parameters refer to section 5.4 and appendix C.

Table 5.1: Inline Options of the Module Generator

Inline Option	mmg Option	Inline Option	mmg Option
compiler	→ option -CC	coption	→ option -oc
linker	→ option -LD	loption	→ option -ol
linkage	→ option -j	attribute	→ option -a
info	→ option -V	prefix	→ reserved

If *system* is specified within an inline option, this option is activated only if the module source code is compiled on the corresponding operating system. Table 5.2[2] lists the system aliases used by MuPAD. The MuPAD alias for the current operating system can be determined either by executing mmg -sys or by typing the MuPAD command sysname(Arch); within a MuPAD session.

---

[2]As new ports of MuPAD may become available, this table may be incomplete.

Table 5.2: Operating System Aliases used by MuPAD

system	Operating System	system	Operating System
i386	PC/AT Linux 2	netbsd	PC/AT NetBSD 2
sun4	Sun, SunOS 4	mklinux	Mac68k, Linux 2
solaris	Sun, Solaris 2	hp	HP, HP-UX 9/10
sgi5	Sgi, IRIX 5/6	windows	PC/AT, Win.95/NT
ibmrs6000	RS6000, AIX 3/4	macintosh	MacPPC, Sys. 7
openbsd	PC/AT OpenBSD 2	alpha	DECalpha, OSF1
freebsd	PC/AT FreeBSD 2	alinux	DECalpha, Linux

5.1.2   Module Functions

After interpreting the inline options, **mmg** registers the module functions defined by the user by looking for expressions of the following form:

$$\text{MFUNC}(\ name,\ option\ )\ \{\ body\ \}\ \text{MFEND}$$

All module functions must be defined using this syntax - refer to section 6.2 for a detailed explanation. After analyzing the module main source file, the extended module source code file MMG*name*.C is generated and compiled and linked as described in the following sections.

5.1.3   Module Procedures and Expressions

While looking for module functions (section 5.1.2), the module generator also accepts definitions of so-called *module procedures* and *module expressions*, included into the module source code using the following syntax:

$$\text{MPROC}(\ name\ =\ "..."\ )\ \text{respectively}\ \ \text{MEXPR}(\ name\ =\ "..."\ )$$

They are written into the file *name*.**mdg** to be inserted into the module domain when the corresponding module is loaded. Refer to section 7.2 for details.

5.2   Creating Executable Modules

5.2.1   Compiling

The extended module source file MMG*name*.C is compiled to the module object file *name*.**o** (refer to figure 5.1). In general, the module generator uses either the

operating system's default C++ compiler (e.g. CC, xlC, cxx, acc) or the GNU
g++ for this. The syntax of the compiler call is displayed during compilation
when the mmg option -v is set.

However, the compiler can be changed using the inline option compiler (see
table 5.1), the mmg command line option -CC (section 5.4.3) or by defining the
environment variable MMG_CC (appendix C).

Changing the compiler requires the user to know how to instruct the new com-
piler to create code for *shared* respectively *dynamic libraries*. These options
strongly depend on the operating system as well as on the specific compiler it-
self. For example, -LD 'CC -pic -G' respectively -LD 'xlC -+' must be used
to instruct mmg to use the default compiler on a solaris respectively ibmrs6000
operating system.

Note: On most UNIX operating systems, dynamic modules and all libraries
that are linked to them must be compiled as *Position Independent Code* (*PIC*).
Most compilers can be instructed to compile PIC code using the option -pic,
-PIC or -fpic[3]. If you are not sure how to directly compile libraries which are
to be linked into dynamic modules then use mmg in combination with option -c
instead of directly using a C/C++ compiler. Also refer to section 5.2.3.

5.2.2 Linking

The module object file *name*.o is linked to a special kind of a shared library file
name.mdm (see figure 5.1). In general the module generator uses the operating
system's default linker ld directly or indirectly by use of one of the compilers
listed in section 5.2.1 for this. Further object code files and libraries can be
linked using the mmg options -ol *file* and -l*lib*. The syntax of the linker call is
displayed during linking when the mmg option -v is set.

However, the linker can be changed either using the inline option linker (table
5.1), the mmg command line option -LD (section 5.4.3) or by defining the envir-
onment variable MMG_LD (appendix C).

Changing the linker requires the user to know how to instruct the new linker or
compiler to link *shared* respectively *dynamic libraries*. These options strongly
depend on the operating system as well as on the specific linker/compiler itself.
For example, -LD 'CC -pic -G -lC' respectively -LD 'xlC -bM:SRE -e %E'[4]
must be used to instruct mmg to use the default linker/compiler on a solaris
respectively ibmrs6000 operating system.

---

[3]This syntax is used by the GNU compiler g++.

[4]The token %E is an internal alias for the so-called *entry point* of the dynamic module. Some
operating systems respectively linkers need this information to create dynamic libraries.

5.2.3   Splitting Module Sources

Module source code may consist of several C/C++ files which can be compiled seperately. Using **mmg** for this, except for the module main source file (page 43), the option -c main=*name* must be set, where *name* is the name of the module main source file without the suffix. Source files which do not use any MuPAD kernel routines or variables can be compiled directly using a C++ compiler.

Note: All module source files should be compiled with the same compiler to avoid conflicts due to compiler incompatibilities. Files which are compiled by directly using a C++ compiler must be compiled to PIC code (see page 46).

The main source file itself must be compiled by **mmg** as usual while linking the corresponding module object code files. Object code files are linked using the option -ol *file*. Additional system and user libraries can be linked using the option -l*lib*. Also refer to section 5.4.3. An example that demonstrates the creation of a module consisting of several source files is given in section 10.1.2.

5.3   Module Debugging

Dynamic modules can be debugged with a usual C/C++ source level debugger. For this, the module generator must be instructed to include debug information into the module binary and not to remove temporarily created source (MMG*.C) and object (*.o) files (refer to section 5.4.2). A detailed introduction into debugging dynamic modules is given in section 8.7.

5.4   Module Generator Options

The module generator provides options to set module properties, to control module creation as well as to control compiling and linking modules. A complete summary of all options is given in appendix C.

5.4.1   Module Properties

The following options specify important characteristics of the compiled module.

-V *text*:
>   Instructs the module generator to insert the character string *text* as user information into the module. It is displayed when the function **info** is applied to this module.

-a static:
> Declares a dynamic module as static to prevent the module manager from displacing the module machine code automatically. This option must be used if the dynamic module contains an interrupt handler or stores a state or status information like an open file handle or a pointer to dynamically allocated memory space which must not get lost. Also refer to the function attribute MCstatic (table 6.1, page 56).

-j [func|table|link]:
> Specifies the kind of address evaluation for MuPAD kernel objects that is to be used by the module. Refer to section 4.7.3 for additional information.

5.4.2 Module Creation

The following options control administrative features of the module generator. Compiler and linker options are described in the following section.

-c main=*name*:
> Instructs the module generator to compile the given source file to an object file which can be linked into the module main source file *name*.C. The given source file must not contain any inline options or module functions. Refer to section 5.2.3 for details.

-g:
> Instructs the module generator to include debugging information into the module binary and prevents it from removing temporarily created files.

-nog, -noc, -nol, -nor:
> Instructs the module generator to skip the generation of the module management code, the compiler or linker phase, respectively prevents mmg from removing temporarily created files.

-op *path*:
> Instructs the module generator to place all newly created files into the directory *path*. By default, the current working directory is used.

-sys:
> Instructs the module generator to display the alias used by MuPAD for the current operating system. Also refer to section 5.1.1.

-v:
> Instructs the module generator to log all actions that are carried out during module creation.

5.4.3   Compiler and Linker

The following **mmg** options passes compiler and linker options through the module generator to the corresponding tools.

-CC *cccall*, -LD *ldcall*:
> Instructs the module generator to use the compiler *cccall* respectively the linker call *ldcall* to compile and link the module source code. Also refer to section 5.2.1 and 5.2.2.

-gnu:
> Instructs the module generator to use the GNU compiler g++ instead of the system's default compiler and linker.[5]

-nognu:
> Instructs the module generator to use the system's default compiler and linker instead of the GNU compiler g++.[6]

-oc *copt*, -ol *lopt*:
> Instructs the module generator to pass option *copt* to the compiler and option lopt to the linker. If an option contains any whitespace characters (space, tab, linefeed, . . .), it must to be quoted.

-D*name*, -I*path*; -L*path*, -l*lib*:
> These options are directly passed to the compiler respectively the linker.

5.5   Warning and Error Messages

The module generator may display the following warnings and error messages while analyzing the user's module source file. Other messages which may be displayed by **mmg** are intended to be self-explanatory.

Source name needs a suffix:
> Error. **mmg** expects that the name of the source file contains the suffix *.C*, *cxx*, *.CPP* or *.c* which is needed by most C/C++ compilers.

Multiple source files defined:
> Error. **mmg** only accepts one source file. If the module is split into several source files, option -c (section 5.2.3) should be used to compile these source files except the module main source file.

---

[5]It is recommended to use the GNU compiler release g++ 2.7.2 or a newer.

[6]Depending on the operating system, the compiler and linker used by **mmg** by default to create modules is set to the one that was used for compiling the MuPAD kernel.

Module options are not allowed in this file:
 Error. Source files which are compiled by use of option -c (section 5.2.3)
 must not contain any inline options (section 5.1.1). Move all inline options
 into the module main source file.

Options must be defined before any function:
 Error. Move the inline option (section 5.1.1) to the top of the source file.

Unknown option:
 Error. mmg scanned an invalid inline option (section 5.1.1). Correct the
 misspelling.

Source overwrites option 'xxx':
 Warning. The user has set the mmg command line option **xxx** which was
 overwritten by an inline option (section 5.1.1) of the current source file.

Multiple defined module function '...':
 Error. Two or more module functions have the same name. Rename these
 functions. Also refer to section 3.3 for reserved function names.

MFEND misses matching MFUNC():
 Error. Any non-module function was terminated with an MFEND tag.

Invalid module function attribute:
 Error. mmg scanned an invalid function attribute (table 6.1). Correct the
 misspelling.

Missing MFEND for function MFUNC(...:
 Error. The body of a module function must be terminated with the
 keyword MFEND.

Procedure/Expression string expected in 'MPROC' or 'MEXPR':
 Error. Module procedures respectively expressions must be included as
 C/C++ character strings.

Missing xxx ...:
 Error. Token **xxx** was expected and must be inserted at or before the
 given position.[7]

... xxx expected ...:
 Error. Token **xxx** is missed and must be inserted at the given position.

---

[7]**mmg** may not be able to determine the exact error position because it does not analyze
the C/C++ code within the body of module functions. In any case, the error occurred in or
before the line number displayed with the error message.

Too many xxx:
   Error. Token **xxx** is either a right '}' -brace- or ')' -parentheses- for which
   no corresponding left brace '{' respectively '(' was scanned before.[8]

Unterminated string or character constant:
   Error. A character constant has not been terminated by " or '. Insert the
   corresponding terminator at or before the given position.[7]

Unterminated ANSI-C comment:
   Error. An ANSI-C comment was not terminated with the character ***/**.
   Insert the terminator at or before the given position.[7]

BAD RELEASE OF MuPAD KERNEL-INCLUDES:
   Error. The release number of the **MuPAD** kernel header files (*MAPI* inter-
   face) is different from that of the module generator. You might have mixed
   the installation of two different **MuPAD** versions. Make sure that **mupad**
   and **mmg** (installed in **$MuPAD_ROOT_PATH/$ARCH/bin**) and the **MuPAD**
   header files (installed in **$MuPAD_ROOT_PATH/share/mmg/include**) belong
   to the same **MuPAD** release.

Warning: Module 'xxx' was created for R-x.z.y...:
   Warning. This warning may be displayed by a module when it is loaded
   into the **MuPAD** kernel. The module was compiled with a module gen-
   erator which release number is different from that of the current **MuPAD**
   kernel. The module may not work properly and may also crash the **MuPAD**
   kernel. Just recompile it with the corresponding module generator.

---

[8]**mmg** checks the source for matching braces because the *MAPI* keyword **MFUNC** -as well as
several others- is defined as a C/C++ macro for which reason missing braces may result in
obscure error messages of the C++ compiler.

6. Application Programming Interface (MAPI)

This chapter describes the *MuPAD Application Programming Interface* (*MAPI*) and lists the routines and variables currently available, giving examples (at the end of each section) on how to use them. This chapter is intended to be used as a reference manual and follows the idea of *learning-by-doing*.

6.1 Introduction and Conventions

MAPI is the user's C/C++ interface to the **MuPAD** kernel.[1] The fact that main parts of the **MuPAD** kernel are implemented in ANSI-C is reflected by *MAPI*. At present, it uses only basic features of the C++ programming language.

6.1.1 Naming Conventions

MAPI consists of data type definitions (**MT**...) for internal **MuPAD** data types, definements (**MD**...) for internal usage only, constants (**MC**...) to control the behaviour of *MAPI* routines and module functions, variables (**MV**...) for predefined **MuPAD** objects and essential properties of module functions as well as C/C++ (inline) routines (**MF**...) interfacing internal methods of the **MuPAD** kernel.

Note: The identifier prefixes listed in parentheses above are reserved for **MuPAD** and *MAPI* and should not be used to define or declare any user objects. Moreover, in general all identifier prefixes **M** followed by one, two or three capital letters should not be used for declarations in order to avoid naming conflicts with internal objects of the **MuPAD** kernel. If naming conflicts occur then refer to section 9.1 to read about work arounds.

---

[1]On UNIX systems *MAPI* can also be used with the **MuPAD** C-caller version *MuLib*.

6.1.2   Documentation Style

The *MAPI* objects described in this chapter are subdivided into several categories according to the different aspects of module programming. A complete lexicographic index of all *MAPI* objects, also subdivided according to these categories, is given in appendix D.

Each section starts with some general information about the current topic and references to related sections, followed by a list of descriptions of the routines, variables, constants and data types available in this category of *MAPI* definitions. At the end of each section (respectively subsection) examples are given.

Note: In general *MAPI* routines are characterized as listed below. If a routine does not follow one of these rules, the deviation from the standard behaviour is explicitly mentioned with its description.

- MuPAD objects returned by *MAPI* routines are newly created or logical copies of existing objects. This means they must be freed by use of `MFfree` when they are no longer needed.

- MuPAD objects passed to *MAPI* routines are neither changed nor automatically freed by this routine.

In this chapter *MAPI* objects are described using the following format:

<object name> .... A brief one line long description

■ <type of return value> <object name> (< parameters if necessary>)

This section contains a detailed description of the object <object name>. It describes its functionality and may also contain references to related routines and variables. **Important notes are emphasized in this way.**

6.1.3   Examples

The examples given in this chapter can directly be tested in combination with MuPAD release 1.4 and the hypertext version of this book. Just click on the label >> to compile the displayed C/C++ source code into a dynamic module and to execute the corresponding commands within your MuPAD session.

Note: Before these examples can be used interactively, first the software from the accompanying CD-COM must be installed respectively configured. Refer to appendix A for details about installing and configuring MuPAD and the online examples and module applications. The appendix also describes how to start and read the online hypertext version of this book.

• Click on >> to copy the example to the corresponding MuPAD session window. There it can be executed (and possibly changed). The function runit simply returns the MuPAD identifier hello.

```
>> read("Makemod")("exa060100a"):

    // The MuPAD command above compiles and executes this example.
    // Below,the complete C/C++ source code of the module with its
    // module functions and subroutines is listed.

    MFUNC( runit, MCnop )                   // the function  'runit'
    { MFreturn( MFident("hello") );         // returns an identifier
    } MFEND

    // Click on '>>' below to execute the displayed commands again

>> runit();  # MuPAD input : demonstrates the usage of the module #

    hello    # MuPAD output: displays results of module functions #
```

More sophisticated examples and module applications are given in section 10.

6.2   Defining Module Functions

Module functions are defined using the following syntax (see section 5.1.2):

$$\text{MFUNC(} \ name, \ option \ ) \ \{ \ body \ \} \ \text{MFEND}$$

Here, *name* is a C/C++ identifier defining the module function name as visible in MuPAD. *option* is either one of the constants listed in table 6.1 or a sequence of them, concatenated by the operator '|' (*binary or*). *body* is the module function body containing usual C/C++ code with two exceptions: accessing the arguments of a module function and leaving a module function is special.

Also refer to section 3.3 for information about predefined domain methods and reserved names of module domains. Refer to section 7.2.1 on how to define module procedures and module expressions.

The following options are available to control the behaviour of module functions. Refer to section 6.10.4.3 for detailed information.

6.2.1   Accessing Module Function Arguments

When a module function is called, its function arguments are passed in form of an expression (DOM_EXPR, see section 4.5.5) in which the 0th operand contains the function environment (DOM_FUNC_ENV, see section 4.7) of this module function and the operands 1 to n contain the function arguments.

Table 6.1: Module Function Attributes

Option	Description
MChidden	The function is not listed in the module interface. Nevertheless, it can be directly called by the user.
MChold	Option **hold** as known from procedures.
MCnop	no **option**, the function behaves like a procedure.
MCremember	Option **remember** as known from procedures.
MCstatic	This code is not displaced automatically.

Before the body of the function is entered, the arguments are pre-processed and -if option MChold is not set- evaluated. The evaluated arguments are then stored in a local variable named MVargs and MVnargs is set to the new number of evaluated arguments. This number may differ from the number of arguments passed to the function because **MuPAD** flattens[2] *expression sequences*. For example, during evaluation the function call f(1,(2.1,2.2),3) is flattened to f(1,2.1,2.2,3)) and the number of arguments increases from 3 to 4.

Note: To access and check the arguments of a module function the following routines and variables are provided. They must only be used directly within the body of a module function but cannot be used within subroutines.

MFarg .... Returns the n-th function argument

■ MTcell MFarg (long *n*)

MFarg returns the n-th argument passed to the module function. **This argument is not copied by MFarg.**

MFargCheck .... Checks the type of the n-th function argument

■ void MFargCheck (long *n*, long *dom*)

MFargCheck aborts the current evaluation with the error message *Invalid argument* if the n-th argument is not of type **dom**. **dom** must be either a basic domain (DOM_..., refer to table 4.1) or one of the meta types MCchar, MCinteger and MCnumber (section 6.10.4.2). Read section 4.5 for additional information about **MuPAD** data types and section 6.3 for details about extended type checking.

---

[2]Also refer to the *MuPAD User's Manual* [50, p. 33].

MFnargsCheck .... Checks the number of function arguments

■ void **MFnargsCheck** (long *n*)

MFnargsCheck aborts the current evaluation with the error message *Wrong number of arguments* if **MVnargs** is not equal to **n**.

MFnargsCheckRange .... Checks the number of function arguments

■ void **MFnargsCheckRange** (long *min*, long *max*)

MFnargsCheckRange aborts the current evaluation with the error message *Wrong number of arguments* if **MVnargs** is not in range **min. . .max**.

MVargs .... Sequence of function arguments

■ **MTcell MVargs**

MVargs contains the arguments passed to the module function. **MFarg** allows to access specific arguments. Refer to page 56 to read about flattening of function arguments.

MVnargs .... Number of function arguments

■ long **MVnargs**

MVnargs contains the number of arguments passed to the module function. Also refer to the variable **MVargs** and the routine **MFarg**

6.2.2   Leaving Module Functions

There are exactly two correct ways to leave a module function. The first one is to return a result with **MFreturn** which behaves similarly to the built-in function **return**. The second one is to abort the module function with an error message using the routine **MFerror** which behaves like the built-in function **error**.

<u>Note:</u> Whereas **MFerror** may be used in any subroutine executed by a module function, **MFreturn** may only be used directly within the body of a module function. Before leaving a module function, all temporarily created objects that are no longer needed must be freed using the routine **MFfree** (section 6.6).

MFerror .... Aborts a module function with an error message

■ void **MFerror** (char* *mesg*)

MFerror aborts the current evaluation with the error message **mesg**. It behaves similarly to the built-in function **error**.

MFreturn .... Returns the result of a module function

■ MTcell MFreturn (MTcell *result*)

MFreturn returns the result of a module function. It behaves similarly to the built-in function **return**. Note that **result** must be either a newly created object or a logical respectively physical copy of an object. **MFreturn must not return the empty object MCnull. MFreturn does not copy its arguments.**

Examples

• The module function **inc** adds 1 to the number passed as function argument.

```
>> read("Makemod")("exa060200a"):
   MFUNC( inc, MCnop )                    // function 'inc', no option
   { MTcell  number;                      // declares a MuPAD variable
     MFnargsCheck( 1 );                   // one argument is expected
     MFargCheck( 1, MCnumber );           // this must be any number
     number = MFadd( MFarg(1), MVone );   // adds '1' to the number
     MFreturn( number );                  // returns the result
   } MFEND                                // end of the function 'inc'

>> inc(13/42);
   55/42
```

• The function **memo** remembers all results it computed before and thus does not need to re-compute them, i.e. the function body need not be executed again. This is the easiest way to speed up often called module functions.

```
>> read("Makemod")("exa060200b"):
   MFUNC( memo, MCremember )             // function with a memory
   { MFnargsCheckRange( 1, 2 );          // one or two arguments
     MFargCheck( 1, DOM_IDENT );         // first must be identifier
     MFputs("Can't remember");           // displays a message
     MFreturn( MFident("Ok") );          // returns identifier 'Ok'
   } MFEND

>> memo(tom), memo(tom);
   Can't remember
   Ok, Ok
```

• The following functions return the number of arguments they receive. Whereas **count1** evaluates its arguments as usual, in function **count2** the option **hold** suppresses the evaluation and flattening of the function arguments.

```
>> read("Makemod")("exa060200c"):

   MFUNC( count1, MCnop )                   // using no sepcial option
   { if (!MVnargs) MFerror( "No args" ); // exit with error message
     MFreturn( MFlong(MVnargs) );          // returns the num. of arg.
   } MFEND

   MFUNC( count2, MChold )                   // using the option 'hold'
   { if (!MVnargs) MFerror( "No args" ); // exit with error message
     MFreturn( MFlong(MVnargs) );          // returns the num. of arg.
   } MFEND
>> count1( 1,(0,0),2 ) <> count2( 1,(0,0),2 );
   4 <> 3
```

6.3 Type Checking

Type checking of MuPAD objects is divided into two main categories: fast checking of basic domains and more sophisticated checking of high-level domains and constructed data types. On the C/C++ language level the same type names are used as in the MuPAD programming language. Additionally, the meta types MCchar, MCinteger and MCnumber were introduced (section 6.10.4.2).

6.3.1 Basic Domains and Expressions

Basic type checking can be done very efficiently using either MFdom to determine -and maybe store- the basic type of a MuPAD object (the so-called *basic domain*) or using a member of the family of MFis... routines which is often more convenient and also allows to identify special MuPAD objects like the Boolean constants, etc. Also refer to MFargCheck.

The basic domain DOM_EXPR (figure 4.6) is special because its elements are subdivided into so-called *expression types* according to their 0-th operand. Thus MFisExpr accepts an optional second argument to specify the specific expression type to check for.

Similarly to expressions, domain elements (DOM_EXT, figure 4.6) are subdivided into so-called *domain types* according to their 0-th operand. Thus MFisExt accepts an optional argument to specify the specific domain type to check for.

MFdom .... Returns the basic domain of an object

■ long MFdom (MTcell *object*)

MFdom returns the basic domain of **object**. This is represented by a C/C++ integer constant DOM_... (refer to table 4.1), whose name is equal to that known from the MuPAD programming language.

MFis... .... Checks for a specific basic domain or a special object

■ MTbool MFis... (MTcell *object*)

MFis... defines a family of routines. For each basic domain DOM_XXX (refer to table 4.1) a routine MFisXxx is available to check if the argument object is of this type. For example MFisBool returns true if object is of type DOM_BOOL and false otherwise.

Additional routines for identifying special MuPAD objects are available: MFisFail, MFisNil, MFisNull, MFisFalse, MFisTrue, MFisUnknown, MFisHalf, MFisI, MFisOne, MFisOne_, MFisTwo, MFisTwo_, MFisZero. Also refer to section 6.7.1.

MFisApm .... Checks for arbitrary precision integer numbers

■ MTbool MFisApm (MTcell *object*)

MFisApm returns true if object is an integer number greater or equal to 2^{31} (or $\leq$ -2^{31}).[3] Otherwise it returns false. Also refer to MFisInt and read section 4.5.4.

MFisChar .... Checks for character based basic domains

■ MTbool MFisChar (MTcell *object*, char* *text=NULL*)

MFisChar returns true if one of the routines MFisIdent or MFisString returns true. Otherwise it returns false. MFisChar accepts an optional argument text to specify the identifier (respectively the character string) to check for.

MFisExpr .... Checks for expressions

■ MTbool MFisExpr (MTcell *object*, char* *fun*)

In addition to the description given in MFis..., MFisExpr accepts an optional argument fun to specify the expression type to check for. If object is an expression and its 0-th operand is the identifier fun then MFisExpr returns true, otherwise false.

■ MTbool MFisExpr (MTcell *object*, long *fun*)

In contrast to the routine described above, here the expression type is specified by one of the integer constants defined in section *Definition der '_' - Systemfunktionen* of the header file $MuPAD_ROOT_PATH/share/mmg/include/kernel/MUP_constants.h.

MFisExt .... Checks for domain elements

■ MTbool MFisExt (MTcell *object*, MTcell *domain*)

In addition to the description given in MFis..., MFisExt accepts an optional argument domain to specify the domain type to check for. If object is an element of domain then MFisExt returns true. Otherwise it returns false.

---

[3] For 64bit versions of MuPAD, e.g. on DECalpha/OSF, the limit is 2^{63}. This limit depends on sizeof(long) and the implementation of the underlying arithmetic package *PARI* [4].

MFisIdent .... Checks for identifiers

■ MTbool MFisIdent (MTcell *object*, char* *text=NULL*)

In addition to the description given in MFis..., MFisIdent accepts an optional argument text to specify the name of the identifier to check for.

MFisInt .... Checks for machine integer numbers

■ MTbool MFisInt (MTcell *object*)

MFisInt returns true if object is an integer number between -2^{31} and 2^{31}.[3] Otherwise it returns false. Also refer to MFisApm and read section 4.5.4.

MFisInteger .... Checks for integer numbers

■ MTbool MFisInteger (MTcell *object*)

MFisInteger returns true if one of the routines MFisApm or MFisInt returns true. Otherwise it returns false.

MFisNumber .... Checks for numbers

■ MTbool MFisNumber (MTcell *object*)

MFisNumber returns true if MFisComplex, MFisFloat, MFisInteger or MFisRat returns true. Otherwise it returns false.

MFisString .... Checks for character strings

■ MTbool MFisString (MTcell *object*, char* *text=NULL*)

In addtion to the description given in MFis..., MFisString accepts an optional argument text to specify the character string to check for.

6.3.2 Domains and Constructed Data Types

Domain elements (DOM_EXT, figure 4.6) as well as constructed data types, e.g. a list of integers, can be analyzed using the built-in functions domtype, type and testtype interfaced by the *MAPI* routines MFdomtype, MFtype and MFtesttype. Refer to the *MuPAD User's Manual* [50] for detailed information.

MFdomtype .... Returns the basic domain of an object

■ MTcell MFdomtype (MTcell *object*)

MFdomtype behaves exactly like the built-in function domtype.

MFtype .... Returns the type of an object

■ MTcell MFtype (MTcell *object*)

MFtype behaves exactly like the built-in function **type**.

MFtesttype .... Checks for specific types or data structures

■ MTbool MFtesttype (MTcell *object*, MTcell *type*)

MFtesttype behaves like the MuPAD built-in function **testtype** but returns a C/C++ Boolean constant of type MTbool instead of a MuPAD object of type MTcell.

Examples

• The function checkit demonstrates basic type checking for MuPAD objects.

```
>> read("Makemod")("exa060300a"):
   MFUNC( checkit, MCnop )                              // 'checkit'
   { MFnargsCheck(1);                                   // get first
     MTcell a=MFarg(1);                                 // argument
     if( MFisNumber(a) )     MFputs( "Number" );        // a==number?
     if( MFdom(a)==DOM_RAT ) MFputs( "Rational" );      // a==rational?
     if( MFisExpr(a,"sin") ) MFputs( "Sin function" );  // a==sin(*)?
     if( MFisTrue(a) )       MFputs( "True" );          // a==TRUE?
     MFreturn( MFdomtype(a) );                          // domtype(a)
   } MFEND
>> checkit(1/3);
   Number
   Rational
   DOM_RAT
```

• listofi(object) returns TRUE if object is a list of integers and otherwise FALSE. This kind of type checking is time consuming and should be avoided if possible. MF constructs objects from C/C++ character strings, see p. 69.

```
>> read("Makemod")("exa060300b"):
   MFUNC( listofi, MCnop )                              // 'listofi'
   { MFnargsCheck(1);                                   // one argument?
     MTcell  type=MF("Type::ListOf(DOM_INT)");          // build expression
     MTbool  isok=MFtesttype( MFarg(1), type );         // call testtype
     MFfree( type );                                    // free expression
     MFreturn( MFbool(isok) );                          // return Boolean
   } MFEND
>> listofi(666), listofi([7,13,42]), listofi([7,13,42.0]);
   FALSE, TRUE, FALSE
```

6.4   Comparing Objects

When comparing **MuPAD** objects, one has to distinguish between structural and numerical comparisons. Structural comparison compares two objects with respect to the internal order of **MuPAD** objects. For numerical data this result may differ from the one derived by a numerical comparison. For example, the values 0.5 and $\frac{1}{2}$ are numerically equal but differ in their internal representation and thus are unequal with respect to the internal order of **MuPAD** objects.

6.4.1   Structural Comparison

To speed up structural comparison of arbitrary **MuPAD** objects, so-called *signatures* (section 4.4.2) are used. They define the internal order of **MuPAD** objects. Also refer to the built-in function **sysorder**.

Note: After constructing or manipulating **MuPAD** objects, the signature of the corresponding objects must be re-calculated by use of routine **MFsig**. Otherwise two objects may not be noticed as equal even if they are (p. 32, p. 72).

MFcmp .... Compares with respect to the internal term order

■ int MFcmp (MTcell *object1*, MTcell *object2*)

MFcmp compares two objects with respect to the internal order of **MuPAD** objects. It returns the value 0 if both objects are equal, value −1 if **object1** is less than **object2** and the value 1 if **object1** is greater than **object2**.

MFequal .... Equal with respect to the internal term order

■ MTbool MFequal (MTcell *object1*, MTcell *object2*)

MFequal compares two objects with respect to the internal order of **MuPAD** objects and returns **true** if both objects are equal. Otherwise it returns **false**.

6.4.2   Numerical Comparison

The following routines must be used only for numerical values (see **MFisNumber**)! For efficiency, no type checking is done and the kernel may crash otherwise.

MFeq .... Equal with respect to the numerical order

■ MTbool MFeq (MTcell *num1*, MTcell *num2*)

MFeq returns **true** if **num1** = **num2** and otherwise **false**. Both arguments must be numbers. Refer to **MFisNumber** for valid data types.

MFge .... Greater or equal with respect to the numerical order

■ MTbool MFge (MTcell *num1*, MTcell *num2*)

MFge returns true if num1 ≥ num2 and otherwise **false**. Both arguments must be
numbers. Refer to **MFisNumber** for valid data types.

MFgt .... Greater with respect to the numerical order

■ MTbool MFgt (MTcell *num1*, MTcell *num2*)

MFgt returns true if num1 > num2 and otherwise **false**. Both arguments must be
numbers. Refer to **MFisNumber** for valid data types.

MFle .... Less or equal with respect to the numerical order

■ MTbool MFle (MTcell *num1*, MTcell *num2*)

MFle returns true if num1 ≤ num2 and otherwise **false**. Both arguments must be
numbers. Refer to **MFisNumber** for valid data types.

MFlt .... Less with respect to the numerical order

■ MTbool MFlt (MTcell *num1*, MTcell *num2*)

MFlt returns true if num1 < num2 and otherwise **false**. Both arguments must be
numbers. Refer to **MFisNumber** for valid data types.

MFneq .... Unequal with respect to the numerical order

■ MTbool MFneq (MTcell *num1*, MTcell *num2*)

MFneq returns true if num1 ≠ num2 and otherwise **false**. Both arguments must be
numbers. Refer to **MFisNumber** for valid data types.

Examples

• sequal(a,b) returns TRUE if a=b with respect to the internal term order.
The result may differ from that derived using a numerical comparison routine.

```
>> read("Makemod")("exa060400a"):
    MFUNC( sequal, MCnop )              // function 'sequal' expects
    { MFnargsCheck(2);                  // two arguments, it gets and
      MTcell  a=MFarg(1), b=MFarg(2);   // compares them with respect
      MFreturn( MFbool(MFequal(a,b)) ); // to the internal term order
    } MFEND
>> sequal("a","a"), sequal(1/2,0.5), sequal(7,7);
    TRUE, FALSE, TRUE
```

- The function nequal(a,b) returns UNKNOWN if a or b is not a number. It returns TRUE if a=b with respect to the numerical order and otherwise FALSE.

```
>> read("Makemod")("exa060400b"):
   MFUNC( nequal, MCnop )                   // function 'nequal'
   { MFnargsCheck(2);                       // expects two arguments
     MTcell  a=MFarg(1);                    // gets first  argument
     MTcell  b=MFarg(2);                    // gets second argument
     if(!MFisNumber(a)||!MFisNumber(b))     // numbers expected
       MFreturn(MFcopy(MVunknown));
     MFreturn( MFbool(MFeq(a,b)) );         // numerical comparison
   } MFEND
>> nequal(7,"a"), nequal(1/2,0.5), nequal(7,13);
   UNKNOWN, TRUE, FALSE
```

6.5   Data Conversion

Data conversion is an important aspect of module programming due to the fact that C/C++ algorithms which users wish to integrate often use their own special purpose data structures to offer high performance solutions.

MAPI provides conversion routines for basic C/C++ data types, for complex, rational and arbitrary precision numbers as well as for MuPAD expressions and C/C++ character strings. Table 6.2 lists the routines described in this section. Additional routines for conversions between MuPAD data structures, e.g. polynomials and lists (MFpoly2list), are listed in section 6.7 with the description of the corresponding data types.

Table 6.2: Data Conversion Routines

Routine	From/To	To/From
MFident	DOM_IDENT	char*
MFstring	DOM_STRING	char*
MFbool, MFbool3	DOM_BOOL	MTbool
MFdouble, MFfloat	DOM_FLOAT	double, float
MFlong, MFint	DOM_INT	long, int
MFcomplex, -Im, -Re	DOM_COMPLEX	DOM_FLOAT, MCinteger, DOM_RAT
MFrat, -Den, -Num	DOM_RAT	DOM_FLOAT, MCinteger
MFpari	MCnumber	GEN
MF, MFexpr2text	*any type*	char*

6.5.1   Basic C/C++ Data Types

Conversion routines listed here can be used to interface algorithms operating on basic C/C++ data types and also for constructing **MuPAD** data structures. Conversion between **MuPAD** Booleans (DOM_BOOL) and C/C++ Booleans is special since **MuPAD** uses a 3-state logic. Refer to section 4.5.3 for details.

MuPAD identifiers (DOM_IDENT) are converted into C/C++ character strings due to the fact that C/C++ offers no appropriate data type. As for **MuPAD** strings (DOM_STRING), when converting **MuPAD** identifiers to C/C++ the user can choose if he/she wishes a reference to the underlying C/C++ character string of the object or a physical copy of it.

MFbool .... Converts Boolean with respect to a 2-state logic

■ MTcell MFbool (MTbool *boolean*)

MFbool converts a C/C++ Boolean into a **MuPAD** Boolean (DOM_BOOL). This routine uses a 2-state logic as usual in C/C++. The C/C++ value 0 is converted into FALSE. All other values are converted into TRUE.

■ MTbool MFbool (MTcell *boolean*)

MFbool converts a **MuPAD** Boolean (DOM_BOOL) into a C/C++ Boolean. This routine uses a 2-state logic as usual in C/C++. The value UNKNOWN is converted into false.

MFbool3 .... Converts Boolean with respect to a 3-state logic

■ MTcell MFbool3 (MTbool *boolean*)

MFbool3 converts the C/C++ integer value MCfalse, MCtrue or MCunknown into a corresponding **MuPAD** Boolean of type DOM_BOOL. It uses the 3-state logic of **MuPAD**.

■ MTbool MFbool3 (MTcell *boolean*)

MFbool3 converts a **MuPAD** Boolean (DOM_BOOL) into the corresponding integer value MCfalse, MCtrue or MCunknown. It uses the 3-state logic of **MuPAD**.

MFdouble .... Converts floating point numbers

■ MTcell MFdouble (double *number*)

MFdouble converts a C/C++ floating-point number (double) into a **MuPAD** floating-point number (DOM_FLOAT). Refer to MF for creating larger floating-point numbers.

■ double MFdouble (MTcell *number*)

MFdouble converts any **MuPAD** number (except complex numbers) into a C/C++ floating-point number (double). No type checking is done. Refer to **MFisNumber** for valid data types. Conversion is limited by the hardware representation of machine floating-point numbers of type double.

MFfloat .... Converts floating point numbers

■ MTcell MFfloat (float *number*)
Refer to MFdouble.

■ float MFfloat (MTcell *number*)
Refer to MFdouble.

MFident .... Converts identifier to C/C++ string and vice versa

■ MTcell MFident (char* *ident*)
MFident converts a C/C++ character string into a MuPAD identifier (DOM_IDENT).

■ char* MFident (MTcell *ident*, long *option=MCaddr*)
MFident converts a MuPAD identifier (DOM_IDENT) into a C/C++ character string. By default the address of the underlying C/C++ string of this identifier is returned. Setting option to MCcopy, returns a physical copy of this string. This copy must be freed by use of MFcfree when it is no longer needed. **To avoid side-effects, the underlying C/C++ string of ident should not be changed directly.**

MFint .... Converts integer numbers less than 2^{31}

■ MTcell MFint (int *inum*)
Refer to MFlong. The limit may be 2^{63} on 64bit systems, refer to MFisApm.

■ int MFint (MTcell *inum*)
Refer to MFlong. The limit may be 2^{63} on 64bit systems, refer to MFisApm.

MFlong .... Converts integer numbers less than 2^{31}

■ MTcell MFlong (long *number*)
MFlong converts a C/C++ integer number into a MuPAD integer (DOM_INT). The limit may be 2^{63} on 64bit systems, refer to MFisApm. Also refer to MF to create larger integer numbers of type DOM_APM.

■ long MFlong (MTcell *number*)
MFlong converts a MuPAD integer (DOM_INT) into a C/C++ integer number. The limit may be 2^{63} on 64bit systems, refer to MFisApm. No type checking is done.

MFstring .... Converts character strings

■ MTcell MFstring (char* *string*)
MFstring converts a C/C++ character string into a MuPAD string (DOM_STRING).

■ char* MFstring (MTcell *string*, long *option=MCaddr*)

MFstring converts a MuPAD string (DOM_STRING) into a C/C++ character string. By default the address of the underlying C/C++ string is returned. Setting option to MCcopy, returns a physical copy of this string. This copy must be freed by use of MFcfree when it is no longer needed. **To avoid side-effects, the underlying C/C++ string of string should not be changed directly.**

Examples

• The function fastsin(f) computes the sin of f using C/C++ machine number arithmetic if f is a floating-point number. Otherwise it just returns the function call with evaluated arguments. This function is several times faster than the one of the MuPAD arbitrary precision arithmetic.

```
>> read("Makemod")("exa060501a"):
    MFUNC( fastsin, MCnop )              // function 'fastsin'
    { MFnargsCheck(1);                   // expects one argument
      if( !MFisFloat(MFarg(1)) )         // must be a float
          MFreturn( MFcopy(MVargs) );    // return function call
      double  d=MFdouble( MFarg(1) );    // convert to double
      d = sin( d );                      // call C/C++ sin routine
      MFreturn( MFdouble(d) );           // return as a DOM_FLOAT
    } MFEND
>> fastsin(PI), fastsin(float(PI));
    fastsin(PI), -0.00000000000002542070579
```

• The functions bool2 and bool3 demonstrate the difference between 2-state and 3-state Boolean conversion routines.

```
>> read("Makemod")("exa060501b"):
    MFUNC( bool2, MCnop )                // function 'bool2'
    { MFnargsCheck(1);                   // expects one argument
      MFargCheck(1,DOM_BOOL);            // must be a Boolean
      MTbool  b=MFbool( MFarg(1) );      // convert: 2-state logic
      MFreturn( MFbool(b) );             // return reconverted value
    } MFEND
    MFUNC( bool3, MCnop )                // function 'bool3'
    { MFnargsCheck(1);                   // expects one argument
      MFargCheck(1,DOM_BOOL);            // must be a Boolean
      MTbool  b=MFbool3( MFarg(1) );     // convert: 3-state logic
      MFreturn( MFbool3(b) );            // return reconverted value
    } MFEND
>> bool3(UNKNOWN), bool2(UNKNOWN);
    UNKNOWN, FALSE
```

6.5.2   Arbitrary Precision Numbers

Refer to section 4.5.4 for an introduction to arbitrary precision arithmetic in
MuPAD. The following routines allow to convert *PARI* numbers from/into
MuPAD numbers. *PARI* numbers are C/C++ data structures of type GEN.
Refer to the *User's Guide to PARI-GP* [4] for detailed information.

MFpari .... Converts PARI to MuPAD numbers and vice versa

■ GEN MFpari (MTcell *number*)

Returns the *PARI* number which is embedded in the MuPAD cell **number**.

■ MTcell MFpari (GEN *number*)

Returns the MuPAD number created by embedding **number** into a MuPAD cell.

Examples

• The function **nothing** converts a given MuPAD number into a *PARI* number
and re-converts this to a MuPAD number.

```
>> read("Makemod")("exa060502a"):
   MFUNC( nothing, MCnop )              // function 'nothing'
   { MFnargsCheck(1);                   // expects one argument
     MFargCheck(1,MCnumber);            // which is a number
     GEN  pnum=MFpari( MFarg(1) );      // extract the PARI number
     MFreturn( MFpari(pnum) );          // returns a MuPAD number
   } MFEND
>> nothing(1/7), nothing(42);
   1/7, 42
```

6.5.3   Strings and Expressions

MAPI provides routines to convert C/C++ character strings into MuPAD ob-
jects and vice versa. This is useful for constructing complex as well as large
objects, e.g. arrays or arbitrary precision integer numbers which cannot repres-
ented as a C/C++ long. However, since it is time consuming it should be used
carefully and be avoided in cases where efficiency matters.

MF .... Constructs a MuPAD object from a C/C++ string

■ MTcell MF (char* *string*)

Refer to **MFtext2expr**.

MFexpr2text .... Converts a MuPAD object into a C/C++ string

■ char* MFexpr2text (MTcell *expr*)

MFexpr2text converts the MuPAD object **expr** into a C/C++ character string. **This string must be freed by use of MFcfree when it is no longer needed.**

MFtext2expr .... Converts a C/C++ string into a MuPAD object

■ MTcell MFtext2expr (char* *string*)

MFtext2expr converts a C/C++ string into a **MuPAD** object of type MTcell. If **string** has a wrong syntax, the current evaluation is aborted with an error message.

Examples

• The function object creates a list containing an equation of an identifier and an arbitrary precision number. Also refer to example **exa060300b** on page 62.

```
>> read("Makemod")("exa060503a"):
    MFUNC( object, MCnop )
    { MTcell  list=MF("[large=123456789012345678901234567890123]");
      MFreturn( list );                    // this is a list
    } MFEND
>> object();
    [large = 123456789012345678901234567890123]
```

6.6   Basic Object Manipulation

Refer to section 4.4 for an introduction to the MuPAD memory management. Also refer to MFglobal. The following routines provide an interface to the basic manipulation routines for MuPAD cells and trees.

MFchange .... Physically copies a cell

■ MTcell MFchange (MTcell* *object*)

MFchange physically copies (page 33) the cell **object** and returns the new cell. It must be used to avoid side-effects when changing an object. Since MFchange may destroy the unique data representation (section 4.4.3), it should be used carefully and only if necessary. Physical copies must be freed if they are no longer needed. **Before a cell is physically copied it must be logically copied by use of MFcopy. MFchange must not be applied to any of the objects listed in section 6.7.1.**

MFcopy .... Logically copies a cell

■ MTcell MFcopy (MTcell *object*)

MFcopy logically copies (page 33) the cell **object** and returns the new cell. Logically copies must be freed if they are no longer needed. **Note that a logically copy must not be freed if it is used as an argument for the routine MFchange.**

MFfree .... Frees a cell

■ void MFfree (MTcell *object*)

MFfree frees the cell **object** by decrementing its reference counter (refer to section 4.4.3). If the reference counter is zero, the cell **object** is physically freed. **This routine frees its argument. MFfree must not be applied to any of the objects listed in section 6.7.1 as well as to cells with uninitialized operands.**

MFnops .... Returns/Changes the number of operands

■ long MFnops (MTcell *object*)

MFnops returns the number of operands (children) of the cell **object**.

■ void MFnops (MTcell* *object*, long *num*)

MFnops changes the number of operands (children) of the cell *object to the value num. This de- respectively increases the length of the point block of the cell (refer to figure 4.4). **Newly appended operands are uninitialized and must be set to (copies of) valid MuPAD objects before further processing this cell.** The signature of the cell (refer to section 4.4.2) must be re-calculated by use of **MFsig**.

MFmemGet .... Returns the memory block of a cell for reading

■ char* MFmemGet (MTcell *object*, long *offset=0*)

MFmemGet returns the address of the memory block (refer to figure 4.4) of the cell **object** for reading. The address may be incremented by an offset of **offset** bytes.

MFmemSet .... Returns the memory block of a cell for writing

■ char* MFmemSet (MTcell *object*, long *offset=0*)

MFmemSet returns the address of the memory block (refer to figure 4.4) of the cell **object** for writing. The address may be incremented by an offset of **offset** bytes.

MFop .... Returns/Changes the n-th operand

■ MTcell MFop (MTcell *object*, long *n*)

MFop returns the n-th operand of the cell **object**. **The operand is not copied.**

■ `MTcell MFop` (`MTcell` *object*, `long` *n*, `MTcell` *value*)
Refer to `MFopSet`.

MFopSet .... Sets the n-th operand of a cell

■ `MTcell MFopSet` (`MTcell` *object*, `long` *n*, `MTcell` *value*)

`MFopSet` sets the n-th operand of the cell `object` to `value`. The old operand is overwritten without being freed. **The argument value is not copied by `MFopSet`.**

MFopFree .... Frees the n-th operand of a cell

■ `MTcell MFopFree` (`MTcell` *object*, `long` *n*)

`MFopFree` frees the n-th operand of the cell `object`. **`MFopFree` must not be applied to an uninitialized operand.**

MFopSubs .... Substitutes the n-th operand of a cell

■ `MTcell MFopSubs` (`MTcell*` *object*, `long` *n*, `MTcell` *value*)

`MFopSubs` substitutes the n-th operand of the cell `*object` with `value`. In contrast to the routine `MFopSet`, **`MFopSubs` uses the routines `MFcopy` and `MFchange` to create a new instance of `*object` and frees the old operand before setting the new value. `MFopSubs` must not be applied to an uninitialized operand. The argument value is not copied by `MFopSubs`.**

MFsig .... Recalculates the signature of a cell

■ `void MFsig` (`MTcell` *object*)

`MFsig` calculates and sets the signature of the cell `object`. Refer to section 4.4.2 for details. **`MFsig` must not be applied to cells with uninitialized operands.**

MFsize .... Gets/Changes the length of the memory block

■ `long MFsize` (`MTcell` *object*)

`MFsize` returns the length of the memory block of the cell `object`.

■ `long MFsize` (`MTcell*` *object*, `long` *n*)

`MFsize` changes the length of the memory block of the cell `object` to a new length that is at least n bytes long. `MFsize` returns the new length.

Examples

• Function `list1` demonstrates how to set, get and substitute operands of a MuPAD object. Note, that `MFopSubs` creates a new instance of the list 1 respectively k in order to avoid any side-effects when substituting the operand.

```
>> read("Makemod")("exa060600a"):
   MFUNC( list1, MCnop )                        // function 'list1'
   { MTcell  l=MFnewList( 2 );                  // a list with two items
     MFopSet( l, 0, MFident("test") );          // initializes first  item
     MFopSet( l, 1, MFcopy(MVtrue) );           // initializes second item
     MFsig( l );                                // calculates signature
     MTcell  k=1;                               // use a new variable
     MFopSubs( &k, 1, MFcopy(MFop(1,0)) );      // subs. 2nd item ([0,1,..]
     MFout( l );                                // 1 was not changed
     MFfree( l );                               // 1 is not longer needed
     MFreturn( k );                             // return it as the result
   } MFEND

>> list1();

   [test, TRUE][test, test]
```

• Function list2 demonstrates how to change the number of operands of a cell
and how to access and copy them.

```
>> read("Makemod")("exa060600b"):
   MFUNC( list2, MCnop )                        // function 'list2'
   { MTcell  l=MFnewList( 1 );                  // a list with two items
     MFop( l, 0, MFlong(13) );                  // initializes first item
     MFsig( l );                                // calculates signature
     MFout( l );                                // displays the list 1
     MFnops( &l, 2 );                           // adds another item to 1
     MFop( l, 1, MFlong(42) );                  // initializes second item
     MFsig( l );                                // recalculates signature
     MFout( l );                                // displays the list 1
     MTcell  r=MFcopy( MFop(1,1) );             // gets/copies second item
     MFfree( l );                               // frees 1 and all operands
     MFreturn( r );                             // return it as the result
   } MFEND

>> list2();

   [13][13, 42]42
```

6.7   Constructing MuPAD Objects

All MuPAD objects which are not predefined as special objects (refer to section
6.7.1) are constructed using *MAPI* constructor routines. For most data types
DOM_XXX a constructor routine MFnewXxx is available, e.g. lists (DOM_LIST) can
be created using the MFnewList.

Refer to section 4.4 for an introduction to the MuPAD memory management.
Read section 4.5 for information about data types supported by *MAPI*. Other
MuPAD objects can be created with the routine MF and manipulated with the
routines listed in section 6.6 as well as with MuPAD functions called by MFcall.

6.7.1   Special MuPAD Objects

Certain often used **MuPAD** objects are predefined and made available via *MAPI* variables. Most of them are expected to be stored as *unique data* (see section 4.4.3). To use one of these objects, e.g. for constructing new data, just make a logical copy of it using **MFcopy**.

Table 6.3 lists all classes of predefined **MuPAD** objects. Refer to the *MuPAD User's Manual* [50] for additional information.

Table 6.3: Predefined MuPAD Objects

Domain	MuPAD Object	Description
DOM_BOOL	TRUE, FALSE, UNKNOWN	3-state logic
DOM_INT	$-2, -1, 0, 1, 2$	integer values
DOM_RAT	$\frac{1}{2}$	rational value
DOM_COMPLEX	I	complex value
DOM_FAIL	FAIL	action failed
DOM_NIL	NIL	undefined
DOM_NULL	null()	space object

For each of the objects listed in table 6.3 and described on the following pages, a fast type checking routine **MFisXxx** is available. Refer to the routine **MFis...** for detailed information.

MVfail .... Special object FAIL

■ MTcell MVfail

The special object **FAIL** (**DOM_FAIL**). New instances can be created by use of **MFcopy**. **MVfail must not be changed by MFchange**.

MVnil .... Special object NIL

■ MTcell MVnil

The special object **NIL** (**DOM_NIL**). New instances can be created by use of **MFcopy**. **MVnil must not be changed by MFchange**.

MVnull .... Special object null()

■ MTcell MVnull

The special object **null()** (**DOM_NULL**). New instances can be created by use of **MFcopy**. **MVnull must not be changed by MFchange**.

MVfalse .... Boolean value FALSE

■ MTcell MVfalse

The Boolean constant FALSE (DOM_BOOL). New instances can be created by use of MFcopy. **MVfalse must not be changed by MFchange.**

MVtrue .... Boolean value TRUE

■ MTcell MVtrue

The Boolean constant TRUE (DOM_BOOL). New instances can be created by use of MFcopy. **MVtrue must not be changed by MFchange.**

MVunknown .... Boolean value UNKNOWN

■ MTcell MVunknown

The Boolean constant UNKNOWN (DOM_BOOL). New instances can be created by use of MFcopy. **MVunknown must not be changed by MFchange.**

MVhalf .... Rational number $\frac{1}{2}$

■ MTcell MVhalf

The numerical constant $\frac{1}{2}$ (DOM_RAT). New instances can be created by use of MFcopy. **MVhalf must not be changed by MFchange.**

MVi .... Complex number I

■ MTcell MVi

The numerical constant I (DOM_COMPLEX). New instances can be created by use of MFcopy. **MVi must not be changed by MFchange.**

MVone .... Integer number 1

■ MTcell MVone

The numerical constant 1 (DOM_INT). New instances can be created by use of MFcopy. **MVone must not be changed by MFchange.**

MVone_ .... Integer number -1

■ MTcell MVone_

The numerical constant -1 (DOM_INT). New instances can be created by use of MFcopy. **MVone_ must not be changed by MFchange.**

MVtwo .... Integer number 2

■ MTcell MVtwo

The numerical constant 2 (DOM_INT). New instances can be created by use of MFcopy.
MVtwo **must not be changed by** MFchange.

MVtwo_ .... Integer number −2

■ MTcell MVtwo_

The numerical constant −2 (DOM_INT). New instances can be created by use of MFcopy.
MVtwo_ **must not be changed by** MFchange.

MVzero .... Integer number 0

■ MTcell MVzero

The numerical constant 0 (DOM_INT). New instances can be created by use of MFcopy.
MVzero **must not be changed by** MFchange.

Examples

• The function isone demonstrates the usage of predefined MuPAD objects.

```
>> read("Makemod")("exa060701a"):
    MFUNC( isone, MCnop )                // function 'isone'
    { MFnargsCheck( 1 );                 // expects one argument
      MFargCheck( 1, MCnumber );         // which is a number
      if( MFeq(MFarg(1),MVone) ) {       // no copy is needed
          MFreturn( MFcopy(MVtrue) );    // a  copy is needed
      }                                  // use brackets !!!!
      MFreturn( MFcopy(MVfalse) );       // a  copy is needed
    } MFEND
>> isone(42), isone(1);
    FALSE, TRUE
```

6.7.2   Strings and Identifiers

MuPAD strings and identifiers are created from C/C++ character strings by us-
ing the conversion routines described in section 6.5.1. To identify specific iden-
tifiers and character strings, the routine MFisIdent respectively MFisString
can be used. The following additional routines are available:

MFlenIdent .... Returns the length of an identifier

∎ long MFlenIdent (MTcell *ident*)

MFlenIdent returns the length of the name of identifier (DOM_IDENT) ident.

MFlenString .... Returns the length of a string

∎ long MFlenString (MTcell *string*)

MFlenString returns the length of the character string (DOM_STRING) string.

MFnewIdent .... Creates a new identifier

∎ MTcell MFnewIdent (char* *string*)

Refer to MFident.

MFnewString .... Creates a new string

∎ MTcell MFnewString (char* *string*)

Refer to MFstring.

Examples

● The routine ident2string gets one argument which is a **MuPAD** identifier and converts it into a **MuPAD** character string.

```
>> read("Makemod")("exa060702a"):
   MFUNC( ident2string, MCnop )          // function 'ident2string'
   { MFnargsCheck( 1 );                  // expects one argument
     MFargCheck( 1, DOM_IDENT );         // which is an identifier
     char*  ctext;
     text = MFident( MFarg(1) );         // converts to C/C++ string
     MTcell mtext;
     mtext = MFstring( text );           // converts to MuPAD string
     MFreturn( MFstring(text) );         // returns  to MuPAD
   } MFEND
>> ident2string(waldemar);
   "waldemar"
```

● The function **reverse** reverses a **MuPAD** character string by swapping the order of its characters. Also refer to routine MFcfree and example exa061002a on page 104 for related information.

```
>> read("Makemod")("exa060702b"):

   MFUNC( reverse, MCnop )              // function 'reverse'
   { MFnargsCheck( 1 );                 // expects one argument
     MFargCheck( 1, DOM_STRING );       // which is a string
     MTcell  s=MFarg( 1 );              // gets the MuPAD string
     char*   t=MFstring( s, MCcopy );   // converts to C  string
     int     i=0;                       // first char. of string
     int     j=strlen(t)-1;             // last  char. of string
     for( ;i<j; ) {                     // reverses the copy of
      char c=t[i];                      // the C string by swapping
      t[i++]=t[j];                      // the characters
      t[j--]=c;                         // successively
     }                                  // all its characters
     s = MFstring( t );                 // converts to MuPAD string
     MFcfree( t );                      // frees allocated C string
     MFreturn( s );                     // returns the MuPAD string
   } MFEND

>> reverse("waldemar");

   "ramedlaw"
```

6.7.3   Booleans

MuPAD Booleans are created either from C/C++ Booleans using the conversion routines described in section 6.5.1 (also refer to section 4.5.3) or by logically copying the predefined Boolean constants MVfalse, MVtrue and MVunknown.

To identify Boolean constants, the routines MFisBool, MFisTrue, MFisFalse and MFisUnknown are available. In addition to this, the following routines can be used to operate on Booleans:

MFnot .... Negates a Boolean constant

■ MTcell MFnot (MTcell *object*)

MFnot returns the Boolean value *not*(object), where object must be one of the Boolean constants FALSE, TRUE and UNKNOWN. Using a 3-state logic, *not*(UNKNOWN) is UNKNOWN. Other Boolean operators -built-in or library functions- can be called using MFcall. MFnot frees its argument.

Examples

● The function isnotprime(number) checks whether number is a prime number or not and returns the negated result. This example demonstrates the usage of the routine MFnot and also shows a typical application of the routine MFcall.

```
>> read("Makemod")("exa060703a"):

   MFUNC( isnotprime, MCnop )              // function 'isnotprime'
   { MFnargsCheck( 1 );                    // expects one argument
     MFargCheck( 1, MCinteger );           // which is any integer
     MTcell  r=MFcall( "isprime", 1, MFcopy(MFarg(1)) ); // is prime?
     MFreturn( MFnot(r) );                 // returns negated value
   } MFEND
>> isnotprime(6), isnotprime(7);

   TRUE, FALSE
```

6.7.4   Complex and Rational Numbers

Since complex and rational numbers are no plain data types of C/C++, corresponding MuPAD objects must be constructed instead of being directly converted from C/C++ values. Also refer to section 4.5.4. The following routines are available to operate on complex and rational numbers:

MFcomplex .... Constructs a complex number

■ MTcell MFcomplex (MTcell *re*, MTcell *im*)

MFcomplex constructs a complex number (DOM_COMPLEX) with the real part **re** and the imaginary part **im**. Both arguments must be of type DOM_APM, DOM_FLOAT, DOM_INT or DOM_RAT. MFcomplex **frees its arguments.**

MFcomplexIm .... Returns the imaginary part of a complex number

■ MTcell MFcomplexIm (MTcell *num*)

MFcomplexIm returns the imaginary part of **num**. **num** must be of type DOM_COMPLEX.

MFcomplexRe .... Returns the real part of a complex number

■ MTcell MFcomplexRe (MTcell *num*)

MFcomplexRe returns the real part of **num**. **num** must be of type DOM_COMPLEX.

MFrat .... Constructs a rational number

■ MTcell MFrat (MTcell *numer*, MTcell *denom*)

MFrat constructs a rational number (DOM_RAT) with the numerator **numer** and the denominator **denom**. Both arguments must be of type DOM_APM or DOM_INT. MFrat **frees its arguments.**

■ MTcell MFrat (long *numer*, long *denom*)

This routine expects C/C++ integers instead of MuPAD integers as arguments.

MFratDen .... Returns the denominator of a rational number

■ MTcell MFratDen (MTcell *num*)

MFratDen returns the denominator of num. num must be of type DOM_RAT.

MFratNum .... Returns the numerator of a rational number

■ MTcell MFratNum (MTcell *num*)

MFratNum returns the numerator of num. num must be of type DOM_RAT.

Examples

- cplx demonstrates the construction of rational and complex MuPAD numbers.

```
>> read("Makemod")("exa060704a"):
   MFUNC( cplx, MCnop )                         // function 'cplx'
   { MFnargsCheck( 1 );                         // expects one arg.
     MFargCheck( 1, MCnumber );                 // which is a number
     if ( MFisComplex(MFarg(1)) ) {             // it recognizes a
        MFputs( "Complex number" );             // complex number
        MFreturn( MFcopy(MVnull) );             // and returns it
     }                                          // directly. creates
     MTcell  r=MFrat(MFcopy(MVtwo),MFlong(3)); // the rational 2/3
     MTcell  c=MFcomplex(r, MFcopy(MFarg(1))); // a complex number
     MFreturn( c );                             // return it
   } MFEND
>> cplx(I), cplx(13), cplx(3.14), cplx(0), domtype(cplx(0));
   Complex number
   2/3 + 13*I, 0.6666666666 + 3.14*I, 2/3, DOM_RAT
```

6.7.5 Lists

Lists (DOM_LIST, figure 4.6) are an important data structure in MuPAD. They are often used and can be converted from/into various other data structures, e.g. finite sets, tables, arrays and polynomials.

The following routines are available to construct and to operate on lists. Also all basic manipulation routines listed in section 6.6 can be applied to them.

MFfreeList .... Frees the n-th list entry

■ MTcell MFfreeList (MTcell* *list*, long *n*)

MFfreeList frees the n-th entry of *list. **MFfreeList must not be applied to an uninitialized list entry.**

MFgetList .... Returns the n-th list entry

■ MTcell MFgetList (MTcell* *list*, long *n*)

MFgetList returns the n-th entry of *list. **The list entry is not copied.**

MFnewList .... Creates an empty list

■ MTcell MFnewList (long *n*)

MFnewList creates an empty list of length n. **The list entries are uninitialized and must be set to (copies of) valid objects before further processing this list.** After all entries are inserted, the signature must be calculated by use of **MFsig.**

MFnopsList .... Returns/Changes the number of list entries

■ long MFnopsList (MTcell *list*)

MFnopsList returns the number of entries of list.

■ void MFnopsList (MTcell* *list*, long *n*)

MFnopsList changes the number of entries of *list. This de- respectively increases the length of the point block of the cell (refer to figure 4.4). **Newly appended list entries are uninitialized and must be set to (copies of) valid MuPAD objects before further processing this list.** When shorting a list, elements are freed automatically. The signature of the list must be re-calculated by use of **MFsig.**

MFsetList .... Sets the n-th list entry

■ MTcell MFsetList (MTcell* *list*, long *n*, MTcell *value*)

MFsetList sets the n-th entry of *list to value. The old entry is overwritten without being freed. **The argument value is not copied by MFsetList.**

MFsubsList .... Substitutes the n-th operand

■ MTcell MFsubsList (MTcell* *list*, long *n*, MTcell *value*)

MFsubsList sets the n-th entry of *list to value. In contrast to MFsetList, **MFsubsList uses the routines MFcopy and MFchange to create a new instance of *list and frees the old operand before setting the new value. MFsubsList must not be applied to an uninitialized list entry. The argument value is not copied by MFsubsList.**

Examples

• Function applist appends an element to a list. Note, that removing the MFsig line would result in an incorrect list: the comparison would fail!

```
>> read("Makemod")("exa060705a"):
   MFUNC( applist, MCnop )              // function 'applist'
   { MFnargsCheck( 2 );                 // expects two arguments
     MFargCheck( 1, DOM_LIST );         // first must be a list
     MTcell  lis=MFcopy( MFarg(1) );    // we will need a copy
     MTcell  ent=MFcopy( MFarg(2) );    // we will need a copy
     long    len=MFnopsList(lis);       // determines list length
     MFchange( &lis );                  // avoids any side effects
     MFnopsList( &lis, len+1 );         // appends a new element
     MFsetList ( &lis, len, ent );      // sets the  new element
     MFsig( lis );                      // recalculates signature
     MFreturn( lis );                   // returns the new list
   } MFEND
>> applist( [1,2,3,4], 5 ): bool( % = [1,2,3,4,5] );
   TRUE
```

• The function `revlist` reverses a list by swapping the order of its elements.

```
>> read("Makemod")("exa060705b"):
   MFUNC( revlist, MCnop )                  // function 'revlist'
   { MFnargsCheck( 1 );                     // expects two arguments
     MFargCheck( 1, DOM_LIST );             // first must be a list
     MTcell  l=MFcopy( MFarg(1) );          // we will need a copy
     long    n=MFnopsList(l)-1;             // determines last index
     MFchange( &l );                        // avoids any side effects
     for( long i=0; i<n; i++, n-- ) {       // swap all list entries
       MTcell e=MFgetList( &l, i );         // by just moving them
       MFsetList( &l, i, MFgetList(&l,n) );
       MFsetList( &l, n, e );
     }
     MFsig( l );                            // recalculates signature
     MFreturn( l );                         // returns the new list
   } MFEND
>> l:=[1,2,3,4,5]: revlist(l): bool(l=revlist(%));
   TRUE
```

6.7.6   Expressions

Expression (`DOM_EXPR`, figure 4.6) is one of the most important data structures
in MuPAD. It represents function calls and the special type *expression sequence*
(`_exprseq`). Specific expressions can be identified with routine `MFisExpr`.

Besides the routines described below, all routines listed in section 6.6 can be
applied to expressions. Refer also to the routines `MF`, `MFexpr2text` and `MFeval`.

MFfreeExpr .... Frees the n-th operand of an expression

■ MTcell MFfreeExpr (MTcell* *expr*, long *n*)

MFfreeExpr frees the n-th operand of *expr. **MFfreeExpr must not be applied to an uninitialized operand.**

MFgetExpr .... Returns the n-th operand of an expression

■ MTcell MFgetExpr (MTcell* *expr*, long *n*)

MFgetExpr returns the n-th operand of *expr. **The operand is not copied.**

MFnewExpr .... Creates an expression

■ MTcell MFnewExpr (MTcell *func*, long *n=0*)

MFnewExpr creates an expression with n+1 operands. The 0th operand is set to **func** which is expected to be an executable MuPAD object, e.g. a procedure (DOM_PROC) or an identifier like **sin**. **The other operands are uninitialized and must be set to (copies of) valid objects before further processing this expression.** After all operands are set, the signature of the expression must be calculated by use of MFsig. **The argument func is not copied by MFnewExpr.**

■ MTcell MFnewExpr (long *n*, ...)

MFnewExpr creates an expression with n operands. The new expression is initialized with the n arguments given for "..." and the signature is calculated and set automatically. **MFnewExpr does not copy its arguments.**

MFnewExprSeq .... Creates an expression sequence

■ MTcell MFnewExprSeq (long *n*, ...)

MFnewExprSeq creates an expression sequence with n+1 operands. The new expression is initialized with the identifier _exprseq as its 0th operand and the n arguments given by "..." for the rest of the operands. The signature is calculated and set automatically. **MFnewExprSeq does not copy its arguments.**

MFnopsExpr .... Returns/Changes the number of operands

■ long MFnopsExpr (MTcell *expr*)

MFnopsExpr returns the number of operands of **expr**.

■ void MFnopsExpr (MTcell* *expr*, long *n*)

MFnopsExpr changes the number of operands of *expr. This de- or increases the point block length of the cell (refer to figure 4.4). **Appended operands are uninitialized**

and must be set to (copies of) MuPAD objects before further processing
this expression. The signature must be re-calculated with MFsig.

MFsetExpr .... Sets the n-th operand of an expression

■ MTcell MFsetExpr (MTcell* *expr*, long *n*, MTcell *value*)

MFsetExpr sets the n-th operand of *expr to value. The old operand is overwritten
without being freed. **The argument value is not copied by MFsetExpr.**

MFsubsExpr .... Substitutes the n-th operand of an expression

■ MTcell MFsubsExpr (MTcell* *expr*, long *n*, MTcell *value*)

MFsubsExpr sets the n-th operand of *expr to value. In contrast to MFsetExpr,
MFsubsExpr uses the routines MFcopy and MFchange to create a new instance
of *expr and frees the old operand before setting the new value. The
argument value is not copied by MFsubsExpr.

Examples

• The function fcomp(f) constructs the n-th composition of the function f.

```
>> read("Makemod")("exa060706a"):
   MTcell rec( MTcell f, long n ) { if (!n) return(MFcopy(MVnull));
     if (n==1) return(MFnewExpr(1,MFcopy(f)));
     else      return(MFnewExpr(2,MFcopy(f),rec(f,--n))); }
   MFUNC( fcomp, MCnop )                        // function 'fcomp'
   { MFnargsCheck(2); MFargCheck(2, DOM_INT);   // second is integer
     MFreturn(rec(MFarg(1),MFlong(MFarg(2))));  // creates expression
   } MFEND
>> fcomp(f,1), fcomp(f,7);
   f(), f(f(f(f(f(f(f()))))))
```

6.7.7   Domain Elements

Domain elements (DOM_EXT, figure 4.6) are used to define high-level data struc-
tures. Also refer to MFnewDomain and MVdomain. Specific domain elements can
be identified with routine MFisExt. Besides the routines described below, all
routines listed in section 6.6 can be applied to domain elements.

MFdomExt .... Returns the domain of a domain element

■ MTcell MFdomExt (MTcell *ext*)

MFdomExt returns the domain of ext. **The domain is not copied.**

MFfreeExt .... Frees the n-th operand of a domain element

■ MTcell MFfreeExt (MTcell* *ext*, long *n*)

MFfreeExt frees the n-th operand of *ext. **MFfreeExt must not be applied to an uninitialized operand.**

MFgetExt .... Returns the n-th operand of a domain element

■ MTcell MFgetExt (MTcell* *ext*, long *n*)

MFgetExt returns the n-th operand of *ext. **The operand is not copied.**

MFnewExt .... Creates a domain element

■ MTcell MFnewExt (MTcell *domain*, long *n*)

MFnewExt creates a domain element with n+1 operands, where the 0th operand is initialized with **domain**. The signature is calculated and set automatically. **MFnewExt does not copy its arguments.** Also refer to **MFnewDomain** and **MVdomain**.

MFnopsExt .... Returns/Changes the number of operands

■ long MFnopsExt (MTcell *ext*)

MFnopsExt returns the number of operands of **ext**.

■ void MFnopsExt (MTcell* *ext*, long *n*)

MFnopsExt changes the number of operands of *ext. This de- respectively increases the length of the point block of *ext (figure 4.4). **Newly appended operands are uninitialized and must be set to (copies of) valid MuPAD objects before further processing this element.** The signature must be re-calculated with MFsig.

MFsetExt .... Set the n-th operand of a domain element

■ MTcell MFsetExt (MTcell* *ext*, long *n*, MTcell *value*)

MFsetExt sets the n-th operand of *ext to value. The old operand is overwritten without being freed. **The argument value is not copied by MFsetExt.**

MFsubsExt .... Substitutes the n-th operand of a domain element

■ MTcell MFsubsExt (MTcell* *ext*, long *n*, MTcell *value*)

MFsubsExt sets the n-th operand of *ext to value. In contrast to **MFsetExt**, it uses the routines MFcopy and MFchange to create a new instance of *ext and frees the old operand before setting the new value. The argument value is not copied by MFsubsExt.

Examples

• The function `create` demonstrates how to construct domain elements. The
object `MVdomain` is described on page 90.

```
>> read("Makemod")("exa060707a"):
   MFUNC( create, MCnop )                // function 'create' creates
   { MTcell e=MFnewExt( MVdomain, 2 );   // a domain element of the
     MFsetExt( &e, 1, MFident("one") );  // current module domain
     MFsetExt( &e, 2, MFident("two") );  // with two operands
     MFsig( e );                         // calculates the signature
     MFreturn( e );                      // returns the domain element
   } MFEND
>> create();
   new(exa060707a, one, two)
```

6.7.8   Sets

Refer to section 4.5.6 for a brief introduction to finite sets (`DOM_SET`) in MuPAD.
Finite sets can be constructed and manipulated using the following routines.
Using them, no signatures need to be (re-)calculated for finite sets.

`MFdelSet` .... Removes an element from a finite set

■ MTcell MFdelSet (MTcell *set*, MTcell *value*)

`MFdelSet` returns a new set that contains the elements of `set` except `value`. **The
arguments set and value are freed by `MFdelSet`.**

`MFinSet` .... Looks for an element in a finite set

■ MTbool MFinSet (MTcell *set*, MTcell *value*)

`MFinSet` returns `true` if `value` is an element of `set`. Otherwise it returns `false`.

`MFinsSet` .... Inserts an element into a finite set

■ void MFinsSet (MTcell *set*, MTcell *value*)

`MFinsSet` inserts the element `value` into `set`. **The argument value is not copied
by `MFinsSet`.**

`MFintersectSet` .... Returns the intersection of two finite sets

■ MTcell MFintersectSet (MTcell *set1*, MTcell *set2*)

`MFintersectSet` returns the set of elements which are in set `set1` and also in `set2`.

MFlist2set .... Converts a finite list into a finite set

■ MTcell MFlist2set (MTcell *list*)

MFlist2set converts the finite list **list** into a finite set.

MFminusSet .... Returns the difference of two finite sets

■ MTcell MFminusSet (MTcell *set1*, MTcell *set2*)

MFminusSet returns the set of elements which are in **set1** but not in **set2**.

MFnewSet .... Creates an empty finite set

■ MTcell MFnewSet ( )

MFnewSet creates an empty finite set.

MFset2list .... Converts a finite set into a finite list

■ MTcell MFset2list (MTcell *set*)

MFset2list converts the finite set **set** into a finite list.

MFunionSet .... Returns the union of two finite sets

■ MTcell MFunionSet (MTcell *set1*, MTcell *set2*)

MFunionSet returns the set of elements which are in **set1** or in **set2**.

Examples

• Function **we** constructs a finite set using the routines described above.

```
>> read("Makemod")("exa060708a"):
    MFUNC( we, MCnop )                  // function 'we'
    { MTcell  s=MFnewSet();             // creates a finite set
      MFinsSet( s, MFident("you") );    // with identifier 'you'
      MTcell  l=MF( "[me,he]" );        // constructs a list
      MTcell  t=MFlist2set( l );        // converts l to a set
      MFfree( l );                      // is no longer needed
      l = MFunionSet( s, t );           // unites the finite sets
      MFfree( s );  MFfree( t );        // is no longer needed
      s = MFident( "he" );              // with identifier 'he'
      t = MFdelSet( l, s );             // removes s from t
      MFreturn( t );                    // returns the result
    } MFEND
>> we(), bool( we()={you,me} );
    {me,you}, TRUE
```

6.7.9 Tables

Refer to section 4.5.6 for a brief introduction to tables (DOM_TABLE) in MuPAD. Tables can be constructed and manipulated using the following routines. Using them, no signatures need to be calculated for tables.

MFdelTable .... Removes the table entry of a given index

■ MTcell MFdelTable (MTcell* *table*, MTcell *index*)

MFdelTable removes the entry index from *table. **The argument index is freed by MFdelTable.**

MFgetTable .... Returns the table entry of a given index

■ MTcell MFgetTable (MTcell* *table*, MTcell *index*)

MFgetTable returns the table entry *table[index]. If *table does not contain a value for index, the routine returns the object MCnull.

MFinTable .... Looks for a table entry under a given index

■ MTbool MFinTable (MTcell* *table*, MTcell *index*)

MFinTable returns true, if *table contains index. Otherwise it returns false.

MFinsTable .... Inserts a table entry under a given index

■ void MFinsTable (MTcell* *table*, MTcell *index*, MTcell *value*)

MFinsTable sets the table entry *table[index] to value. **The arguments index and value are not copied by MFinsTable.**

MFlist2table .... Converts a list of equations into a table

■ MTcell MFlist2table (MTcell *list*)

MFlist2table converts the list of equations list into a table.

MFnewTable .... Creates an empty table

■ MTcell MFnewTable ( )

MFnewTable creates an empty table.

MFtable2list .... Converts a table into a list

■ MTcell MFtable2list (MTcell *table*)

MFtable2list converts table into a finite list.

Examples

• The function `tabtest` constructs a table using the routines described above.

```
>> read("Makemod")("exa060709a"):
   MFUNC( tabtest, MCnop )                // function 'tabtest'
   { MTcell  r,s,t = MFnewTable();        // constructs a table
     MFinsTable( &t, MFident("rose"), MFstring("nice flower") );
     MFinsTable( &t, MFident("red"),  MFstring("nice color") );
     MFdelTable( &t, MFident("rose") );   // removes an entry
     r = MFident("red");                  // checks if the table
     s = MFbool( MFinTable(&t,r) );       // s contains index r?
     MFfree(r); MFfree(s);                // no longer needed
     s = MFtable2list(t); MFfree(t);      // convert into a list
     MFreturn( s );                       // returns the Boolean
   } MFEND
>> tabtest();
   [red = "nice color"]
```

6.7.10   Domains

Read section 4.5.6 for a brief introduction to domains (DOM_DOMAIN) in MuPAD.
More detailed information about constructing and using domains are given in
the *MuPAD User's Manual* [50] and in the domains paper [7].

Domains can be constructed and manipulated using the following routines. Using these routines, no signatures need to be calculated for domains. Also refer
to the *MAPI* variable MVdomain.

MFdelDomain .... Removes the domain entry of a given index

■ MTcell MFdelDomain (MTcell *domain*, MTcell *index*)

MFdelDomain removes entry **index** from **domain. index is freed by** MFdelDomain.

MFgetDomain .... Returns the domain entry of a given index

■ MTcell MFgetDomain (MTcell *domain*, MTcell *index*)

MFgetDomain returns the domain entry domain::index. If domain does not contain a
value for **index**, the routine returns the object FAIL.

MFinsDomain .... Inserts a domain entry under a given index

■ MTcell MFinsDomain (MTcell *domain*, MTcell *index*, MTcell *value*)

MFinsDomain sets the domain entry domain::index to value. **The arguments index**
and value are not copied by MFinsDomain.

MFnewDomain .... Creates respectively returns a domain

■ `MTcell MFnewDomain ( MTcell` *domkey*`, MTbool*` *is_new* `)`

The routine creates a domain (`DOM_DOMAIN`) with the key **domkey** and sets the Boolean
*is_new to true. If the domain already exists, a copy is returned and *is_new is set
to false. domkey must be of type `DOM_STRING`. Also see **MVdomkey** and **MVdomain**.

■ `MTcell MFnewDomain ( MTcell` *domkey* `)`

Same functionality as the one described above, but it does not use the Boolean para-
meter *is_new to indicate if the returned domain is new or existed before.

MVdomain .... The current module domain

■ `MTcell MVdomain`

MVdomain refers to the module domain of the current module function. It can be used
to create domain elements of the module using the routine **MFnewExt** or to access
module domain entries using the routines described above. Also refer to **MVdomkey**.
**The variable MVdomain can only be used directly within the body of a
module function and cannot be used within any other C/C++ subroutine.**

MVdomkey .... Name/Key of the current module domain

■ `MTcell MVdomkey`

MVdomkey contains the domain key (`DOM_STRING`) of the current module function.
Also refer to **MVdomain**. **It can only be used directly within the body of a
module function and cannot be used within any other C/C++ subroutine.**

Examples

• The function `ismyelem` checks if its argument is a domain element and belongs
to the same domain as `ismyelem`. Instead of `MVdomain` the routine `MFnewDomain`
and the variable `MVdomkey` are used to create/copy the module domain.

```
>> read("Makemod")("exa060710a"):
   MFUNC( ismyelem, MCnop )                 // function 'ismyelem'
   { MFnargsCheck( 1 );                      // expects one argument
     MTcell d=MFnewDomain( MVdomkey );       // return the module domain
     MTcell b=MFbool(MFisExt(MFarg(1),d));  // is domain element of d ?
     MFfree( d );                            // d is no longer needed
     MFreturn( b );
   } MFEND

>> ismyelem(1), ismyelem(new(exa060710a,"test"));
   FALSE, TRUE
```

• The next example demonstrates how to insert, read and delete domain entries. In contrast to the previous example, the module domain is referenced -without copying it- using the variable MVdomain.

```
>> read("Makemod")("exa060710b"):
   MFUNC( getit, MCnop )                  // function 'getit'
   { MTcell i=MFstring( "it" );           // constructs domain index
     MTcell e=MFgetDomain( MVdomain, i );  // gets domain entry
     MFfree( i ); MFreturn( e );          // returns domain entry
   } MFEND
   MFUNC( setit, MCnop )                  // function 'setit'
   { MFnargsCheck( 1 );                   // accepts one argument
     MTcell i=MFstring( "it" );           // constructs domain index
     MTcell v=MFcopy( MFarg(1) );         // copies first argument
     MFinsDomain( MVdomain, i, v );       // sets new domain entry
     MFreturn( MFcopy(MVnull) );          // returns nothing
   } MFEND
   MFUNC( delit, MCnop )                  // function 'getit'
   { MTcell i=MFstring( "it" );           // constructs domain index
     MFdelDomain( MVdomain, i );          // deletes domain entry
     MFreturn( MFcopy(MVnull) );          // returns nothing
   } MFEND
>> getit(), setit("andi"), getit(), delit(), getit();
   FAIL, "andi", FAIL
```

6.7.11 Arrays

Read section 4.5.7 for a brief introduction to arrays (DOM_ARRAY). The easiest way to define a new array is either converting it from a character string using the conversion routine MF or creating it from a list using MFlist2array.

MFarray2list .... Converts an array into a list

■ MTcell MFarray2list (MTcell *array*)

MFarray2list converts the object **array** (DOM_ARRAY) into a flat list (DOM_LIST).

MFdimArray .... Returns the dimension of an array

■ long MFdimArray (MTcell *array*)

MFdimArray returns the dimension of **array**. Also refer to routine **MFrangeArray**.

MFlist2array .... Converts a list into an array

■ MTcell MFlist2array (MTcell *list*, long *d1*, long *d2=0*, long *d3=0*)

MFlist2array converts a list (DOM_LIST) into an array. list must be nested according to the dimension defined by d1, d2, and d3. **MFlist2array** cannot handle arrays of higher dimensions. The range of each dimension dn is set to 1..dn.

MFrangeArray .... Returns the range of a specific dimension of an array

■ void **MFrangeArray** (MTcell *array*, long *dim*, long* *l*, long* *r*)

MFrangeArray returns the range of the dimension dim of **array**. The variable *l is set to the lower bound and *r to the upper bound of the range of dimension dim.

Examples

• The function **doarray** constructs a two dimensional array from a list. **tolist** converts an array into a flat list. This representation is similar to that used by numeric packages like *IMSL* (section 10.3.1) and *NAGC* (section 10.3.2).

```
>> read("Makemod")("exa060711a"):
   MFUNC( doarray, MCnop )                    // function 'doarray'
   { MTcell  L=MF( "[[1,2,3],[4,5,6]]" );     // constructs a list
     MTcell  A=MFlist2array( L, 2, 3 );       // converts to array
     MFfree( L );  MFreturn( A );             // free list, return a
   } MFEND

   MFUNC( dolist, MCnop )                      // function 'dolist'
   { MFnargsCheck( 1 );                        // expects one argument
     MFargCheck( 1, DOM_ARRAY );               // must be an array
     MFreturn( MFarray2list(MFarg(1)) );       // returns a flat list
   } MFEND
>> A:=doarray():  print(A):  dolist(A);
   array(1..2,1..3,(1,1)=1,(1,2)=2,(1,3)=3,(2,1)=4,(2,2)=5,(2,3)=6)
   [1,2,3,4,5,6]
```

Refer to example **exa060900b** on page 102 for additional information.

6.7.12 Polynomials

Read section 4.5.7 for a brief introduction to polynomials (DOM_POLY). The easiest way to define a polynomial is either converting it from a character string using the conversion routine MF or creating it from a list using **MFlist2poly**.

MFlist2poly .... Converts a list into a polynomial

■ MTcell **MFlist2poly** (MTcell *list*, MTcell *v=NULL*, MTcell *r=NULL*)

MFlist2poly converts the list representation list of a polynomial into a polynomial. v must contain the list of variables and r may contain the coefficient ring of the polynomial. Also refer to the built-in function poly [50].

MFpoly2list .... Converts a polynomial into its list representation

■ MTcell MFpoly2list (MTcell *poly*, MTcell* *v=NULL*, MTcell* *r=NULL*)

MFpoly2list converts poly into its list representation. If v is unequal to zero, *v is assigned the list of variables of poly. If r is unequal to zero, *r is assigned the coefficient ring of the polynomial. **The operands returned in *v and *r are not copied by MFpoly2list.** Also refer to the library function poly2list [50].

MFdegPoly .... Returns the total degree of a polynomial

■ long MFdegPoly (MTcell *poly*)

MFdegPoly returns the total degree of the polynomial poly. It behaves exactly like the MuPAD built-in function degree [50].

Examples

● tolist returns a sequence of the list representation, the variables and the coefficient ring of a given polynomial. topoly reconverts this into a polynomial.

```
>> read("Makemod")("exa060712a"):
   MFUNC( tolist, MCnop )                // function 'tolist'
   { MFnargsCheck( 1 );                  // expects one argument
     MFargCheck( 1, DOM_POLY );          // must be a polynomial
     MTcell v,p=MFarg( 1 );              // gets polynomial
     MTcell r,l=MFpoly2list( p, &v, &r );// converts into a list
     MFcopy( v );  MFcopy( r );          // copies vars and ring
     MFreturn( MFnewExprSeq(3,l,v,r) );  // returns a sequence
   } MFEND

   MFUNC( topoly, MCnop )                // function 'topoly'
   { MFnargsCheck( 3 );                  // expects 3 arguments
     MFargCheck( 1, DOM_LIST );          // first  is a list?
     MFargCheck( 2, DOM_LIST );          // second is a list?
     MTcell p=MFarg(1),v=MFarg(2),r=MFarg(3);// gets arguments
     MFreturn( MFlist2poly(p,v,r) );     // returns polynomial
   } MFEND
>> A:=tolist( poly(v^4*w^2+(-42)*w^7,[v,w]) ): print(A): topoly(A);
   [[1, [4, 2]], [-42, [0, 7]]], [v, w], Expr
   poly( v^4*w^2+(-42)*w^7, [v,w] )
```

6.7.13   Other Objects

Besides the basic domains listed in table 4.1, MuPAD provides further data types (refer to section 4.5.8) which are currently not directly supported by the *MuPAD Application Programming Interface.*

MuPAD objects of other data types can be converted from C/C++ character strings by use of routine MF. They can also be constructed and manipulated by calling MuPAD built-in and library functions using the routine MFcall.

As a special feature, so-called MuPAD procedures and expressions can be included into module domains. Refer to section 7.2 for details.

Examples

• The function makinc(n) constructs a procedure which increments a given number by n. Since *MAPI* does not support the creation of procedures directly with a corresponding constructor, the procedure is converted from a C/C++ character string by use of routine MF. Then it is manipulated by calling the MuPAD function subs [50].

```
>> read("Makemod")("exa060713a"):

    MFUNC( makinc, MCnop )                   // function 'makinc'
    { MFnargsCheck( 1 );                     // accepts one argument
      MFargCheck( 1, DOM_INT );              // which is an integer
      MTcell  p,e,r,a=MFcopy( MFarg(1) );    // a copy will be needed
      p = MF("proc(x) begin x+y end_proc");  // construct a procedure
      e = MF( "_equal" );                    // construct indentifier
      e = MFnewExpr( 3, e, MF("y"), a );     // construct y='a'
      p = MFcall( "subs", 2, p, e );         // subs( p, y='a' )
      MFreturn( p );
    } MFEND
>> inc7:= makinc(7): type(inc7), inc7(4), inc7(-4);

    DOM_PROC, 11, 3
```

6.8   MuPAD Interpreter Interface

Module programmers can access the MuPAD interpreter -respectively evaluator- to call built-in and library functions as well as to evaluate MuPAD expressions.

Refer to figure 4.2 and section 4.3 for additional information about data evaluation in MuPAD. Also read section 7.2 for detailed information about including MuPAD procedures and expressions into module domains.

6.8.1   Calling Built-in and Library Functions

MuPAD built-in functions, module functions and library functions are part of the MuPAD interpreter respectively must be interpreted by it. Therefore they cannot be called directly as usual C/C++ kernel routines but only by use of the interpreter interface. The following routines are available to call functions.

MFcall .... Calls a MuPAD function

■ MTcell MFcall (MTcell *func*, long *nargs*, MTcell ...)

MFcall calls the MuPAD function func with the **nargs** arguments represented by "..." and returns the result of this evaluation. If an error occurs during evaluation, MuPAD returns into interactive mode. func can be any valid executable MuPAD object, e.g. a built-in function, a procedure, a domain method or an identifier representing such an object. MFcall **does not copy its arguments but frees them.**

■ MTcell MFcall (char* *func*, long *nargs*, MTcell ...)

This routine has the same functionality as described above. But here, the MuPAD function func is specified by a C/C++ character string.

Examples

• The function map2list(list,func) returns a list where each entry list[i] is substituted by the result of the function call func(list[i]).

```
>> read("Makemod")("exa060801a"):
   MFUNC( map2list, MCnop )           // function 'map2list'
   { MFnargsCheck( 2 );               // expects two arguments
     MFargCheck( 1, DOM_LIST );       // the first one is a list
     MTcell  l=MFcopy( MFarg(1) );    // logical and physical copy is
     MFchange( &l );                  // needed to avoid side-effects
     long  n=MFnopsList( l );         // gets the length of the list
     while( n ) {                     // applies func. to all entries
       MTcell  t=MFgetList( &l, --n ); // get the next list entry
       MTcell  f=MFcopy( MFarg(2) );  // copy the function name
       MTcell  e=MFcall( f, 1, t );   // execute the function call
       MFsetList( &l, n, e );         // l[n] was freed by MFcall
     }                                // l[n] is set to fun(l[n])
     MFsig( l );                      // calculate the signature of l
     MFreturn( l );                   // returns the new list
   } MFEND
>> map2list([4,9,16,25], sqrt);
   [2,3,4,5]
```

6.8.2   Evaluating MuPAD Objects

Besides the possibility to call **MuPAD** functions directly by use of routine **MFcall**, built-in and library function calls can also be constructed in form of **MuPAD** expressions using the routine **MFnewExpr**.

Expressions and statements as well as other **MuPAD** objects can be evaluated with the following routines.

MFeval .... Evaluates an object

■ MTcell MFeval (MTcell *object*)

MFeval evaluates the **expression object** and returns the result of this evaluation. If an error occurs during evaluation, **MuPAD** returns into interactive mode. Refer to figure 4.2 and section 4.3 for a brief introduction to data evaluation in **MuPAD**. **MFeval frees its argument.**

MFexec .... Executes an object

■ MTcell MFexec (MTcell *object*)

MFexec executes the **statement object** and returns the result of this evaluation. If an error occurs during evaluation, **MuPAD** returns into interactive mode. In contrast to **MFeval**, here, **object** can be not only an expression but also any **MuPAD** statement. Refer to figure 4.2 and section 4.3 for a brief introduction to data evaluation in **MuPAD**. **MFexec frees its argument.**

MFtrap .... Executes an object in the context of traperror

■ MTcell MFtrap (MTcell *object*, long* *error*)

MFtrap executes **object** using the **MuPAD** function **traperror** (refer to the *MuPAD User's Manual* [50]), sets the variable *error to 0 (zero) and returns the result of this evaluation. If an error occurs during evaluation, *error is set to an error code unequal to zero and **MFtrap** returns **MVnull**. **MFtrap does not return into interactive MuPAD mode when an error occurs.** Refer to figure 4.2 and section 4.3 for a brief introduction to data evaluation in **MuPAD**. **MFtrap frees its argument.**

MFread .... Reads and executes a MuPAD program

■ MTcell MFread (char* *name*)

MFread reads and executes the **MuPAD** file **name** using the library function **read** [50] and returns the result of this evaluation. If an error occurs during evaluation, **MuPAD** returns into interactive mode.

Examples

• The function fpi returns an approximative floating point number for π.

```
>> read("Makemod")("exa060802a"):
   MFUNC( fpi, MCnop )                        // function 'fpi'
   { MTcell  f=MF("float");                   // function 'float'
     MTcell  p=MF("PI");                      // identifier 'PI'
     MTcell  e=MFnewExpr(2,f,p);              // == float(PI)
     MFreturn( MFeval(e) );                   // evaluates 'e'
   } MFEND
>> fpi();
   3.141592653
```

• The function traptest evaluates its argument using the routine MFtrap and returns the result. If an error occurs, it displays the corresponding error code.

```
>> read("Makemod")("exa060802b"):
   MFUNC( traptest, MChold )                  // function 'traptest'
   { MFnargsCheck( 1 );                       // expects one argument
     long    errn;                            // error flag: 0=OK
     MTcell  result=MFtrap( MFarg(1), &errn ); // "save" evaluation
     if (errn) MFprintf("ErrNum= %ld\n",errn); // prints error code
     else      MFprintf("Result= ");          // or result message
     MFreturn( result );                      // returns result
   } MFEND
>> A:=traptest(sin(3.4)):  print(A):  traptest(ln(0));
   Result= -0.255541102
   ErrNum= 1028
```

6.8.3   Accessing MuPAD Variables

The following routines allow module programmers to access MuPAD variables defined on the MuPAD language level. For example, this can be used to read-out and/or change MuPAD environment variables like PRETTY_PRINT [50], DIGITS [50], etc as well as arbitrary user variables.

MFgetVar .... Returns the value of a MuPAD variable

■ MTcell MFgetVar (char* *ident*)

MFgetVar returns the value of the MuPAD variable named ident. If this variable was not assigned a value, MFgetVar returns the value MCnull.

MFdelVar .... Removes a MuPAD variable

■ void MFdelVar (char* *ident*)

MFdelVar removes respectively unassigns the MuPAD variable named ident.

MFsetVar .... Assigns a MuPAD variable a value

■ void MFsetVar (char* *ident*, MTcell *value*)

MFsetVar assigns the MuPAD variable named ident the object value. **The argument value is not copied by MFsetVar.**

Examples

• The function vartest sets, reads-out and deletes the MuPAD variable aTest.

```
>> read("Makemod")("exa060803a"):
   MFUNC( vartest, MCnop )               // function 'vartest'
   { MTcell number = MFlong( 42 );       // create a DOM_INT
     MFsetVar( "aTest", number );        // sets 'aTest' to 42
     MTcell  t=MFgetVar( "aTest" );      // reads-out its value
     MFdelVar( "aTest" );                // unassigns 'aTest'
     MFreturn( t );                      // returns 42
   } MFEND
>> aTest:=666:
   aTest, vartest(), aTest;

     666, 42, aTest
```

6.9 Arbitrary Precision Arithmetic

MAPI provides a direct interface for doing fast arbitrary precision arithmetic. Refer to section 4.5.4 to read about numerical data types supported by *MAPI*.

For more complex operations as well as for symbolic computations the corresponding MuPAD built-in and library functions (refer to the *MuPAD User's Manual* [50] for additional information) can be called by use of routine MFcall.

All *MAPI* arithmetic routines described in this section expect pure MuPAD numbers as their arguments (objects for which the routine MFisNumber returns true). They cannot operate on any symbolic expressions!

The routines described here are subdivided according to the following categories: *basic arithmetic, transcendental and algebraical* routines and *special* routines.

6.9.1 Basic Arithmetic

The following routines provide an interface to the basic arithmetic for arbitrary precision numbers in MuPAD.

MFadd .... Adds two numbers

■ MTcell MFadd (MTcell s, MTcell t)

MFadd returns the sum s + t. **MFadd frees the numbers s and t.**

MFaddto .... Adds two numbers

■ void MFaddto (MTcell* s, MTcell t)

MFaddto computes s:= s + t. **MFaddto frees the number t.**

MFmult .... Multiplies two numbers

■ MTcell MFmult (MTcell s, MTcell t)

MFmult returns the product s * t. **MFmult frees the numbers s and t.**

MFmultto .... Multiplies two numbers

■ void MFmultto (MTcell* s, MTcell t)

MFmultto computes s:= s * t. **MFmultto frees the number t.**

MFdec .... Decrements a number

■ MTcell MFdec (MTcell* s)

MFdec decrements the number *s.

MFdiv .... Divides two numbers

■ MTcell MFdiv (MTcell s, MTcell t)

MFdiv returns the quotient s / t. **MFdiv frees the numbers s and t.**

MFdivto .... Divides two numbers

■ void MFdivto (MTcell* s, MTcell t)

MFdivto computes s:= s / t. **MFdivto frees the number t.**

MFdivInt .... Integer division of two numbers

■ MTcell MFdivInt (MTcell s, MTcell t)

MFdivInt returns the integer part of s/t. **MFdivInt frees the numbers s and t.**

MFinc .... Increments a number

■ MTcell MFinc (MTcell* *s*)

MFinc increments the number *s.

MFmod .... Computes the positive modulus of two numbers

■ MTcell MFmod (MTcell *s*, MTcell *t*)

MFmod returns the positive value s *mod* t. MFmod **frees the numbers s and t.**

MFmods .... Computes the symmetrical modulus of two numbers

■ MTcell MFmods (MTcell *s*, MTcell *t*)

MFmods returns the value s *mod* t, where the result may be negative. MFmods **frees the numbers s and t.**

MFpower .... Computes the power of two numbers

■ MTcell MFpower (MTcell *s*, MTcell *t*)

MFpower returns the value s^t. MFpower **frees the numbers s and t.**

MFsub .... Subtracts two numbers

■ MTcell MFsub (MTcell *s*, MTcell *t*)

MFsub returns the difference s − t. MFsub **frees the numbers s and t.**

MFsubto .... Subtracts two numbers

■ void MFsubto (MTcell* *s*, MTcell *t*)

MFsubto computes s:= s − t. MFsubto **frees the number t.**

6.9.2   Transcendental and Algebraical Functions

The following routines provide an interface to a selection of transcendental and algebraical functions for arbitrary precision numbers in MuPAD.

MFbinom .... Binomial coefficient of two numbers

■ MTcell MFbinom (MTcell *s*, MTcell *t*)

MFbinom returns the binomial coefficient $\binom{s}{t}$. **It frees the numbers s and t.**

MFexp .... Exponential function

■ MTcell MFexp (MTcell *s*)

MFexp returns the value e^s. **MFexp frees the number s.**

MFgcd .... Computes the gcd of two numbers

■ MTcell MFgcd (MTcell *s*, MTcell *t*)

MFgcd returns the greatest common divisor. **MFgcd frees the numbers s and t.**

MFlcm .... Computes the lcm of two numbers

■ MTcell MFlcm (MTcell *s*, MTcell *t*)

MFlcm returns the least common multiple. **MFlcm frees the numbers s and t.**

MFln .... Natural logarithm

■ MTcell MFln (MTcell *s*)

MFln returns the natural logarithm $ln(s)$. It behaves like the **MuPAD** function ln
[50]. **MFln frees the number s.**

MFsqrt .... Computes the square root of a number

■ MTcell MFsqrt (MTcell *s*)

MFsqrt returns the square root of the number s. It behaves like the **MuPAD** function
sqrt [50]. **MFsqrt frees the number s.**

6.9.3   Special Functions

The following routines provide special operations on **MuPAD** numbers:

MFabs .... Absolute value of a number

■ MTcell MFabs (MTcell *s*)

MFabs returns the absolute value of the number s. s may be a complex number.
MFabs frees the number s.

MFisNeg .... Checks if a number is negative

■ MTbool MFisNeg (MTcell *s*)

MFisNeg returns **true** if s is negative. Otherwise it returns **false**.

MFneg .... Negates a number

■ MTcell MFneg (MTcell s)

MFneg negates the number **s**. **MFneg frees the number s.**

MFrec .... Reciprocal value of a number

■ MTcell MFrec (MTcell s)

MFrec returns the reciprocal value of the number **s**. **MFrec frees the number s.**

Examples

● The function `arith1` returns the negated sum of two given numbers.

```
>> read("Makemod")("exa060900a"):
   MFUNC( arith1, MCnop )                 // function 'arith1'
   { MFnargsCheck( 2 );                   // expects two args
     MFargCheck(1,MCnumber);              // both arguments
     MFargCheck(2,MCnumber);              //   must be numbers
     MTcell  s=MFcopy(MFarg(1)), t=MFcopy(MFarg(2));
     MFreturn( MFneg(MFadd(s,t)) );       // returns -(s+t)
   } MFEND
>> arith1(3,5);
   -8
```

● The function `det2` returns the determinant of a given 2x2 matrix.

```
>> read("Makemod")("exa060900b"):
   MFUNC( det2, MCnop )                   // function 'det2'
   { MFnargsCheck(1);                     // accepts one arg.
     MFargCheck(1,DOM_ARRAY);             // which is an array
     if( MFdimArray(MFarg(1)) != 2 )      // dim. must be two
         MFerror( "Bad matrix dimension." );
     MTcell  l=MFarray2list(MFarg(1));    // converts to a list
     MTcell  u=MFmult( MFcopy(MFop(1,0)), MFcopy(MFop(1,3)) );
     MTcell  v=MFmult( MFcopy(MFop(1,2)), MFcopy(MFop(1,1)) );
     MFfree(1);
     MFreturn( MFsub(u,v) );              // returns determinant
   } MFEND
>> A:=array(1..2,1..2,[[3,9],[3,23]]): det2(A);
   42
```

6.10 Miscellaneous

This section describes routines and variables for displaying data, allocating memory blocks without using *MAMMUT* [30] and managing the MuPAD kernel and dynamic modules. It also introduces essential *MAPI* constants and data type definitions which are needed when writing module functions.

6.10.1 Displaying Data

MuPAD objects of the C/C++ data type MTcell can be displayed using the routine MFout. To display basic C/C++ data types, the routines MFputs and MFprintf are provided. They behave like the corresponding C standard routines but display their output in the MuPAD session window respectively the corresponding output region of the notebook. Since MuPAD objects can be converted to C/C++ character strings by use of routine MFexpr2text, MFprintf may also be used for displaying MuPAD data as formatted text.

To print data into files, the C standard routine fprintf as well as the MuPAD built-in function fprint [50] -refer to MFcall- can be used.

MFout .... Displays a MuPAD object

■ MTcell MFout (MTcell *object*)

MFout displays the MuPAD value **object** within the current output region of the MuPAD session window and returns it as the return value. **The return value object is not copied by** MFout.

MFprintf .... Displays C/C++ data

■ void MFprintf (char* *format*, ...)

MFprintf displays the character string **format** and the C/C++ data represented by "..." within the current output region of the MuPAD session window. It behaves similar to the C/C++ standard routine **printf**. Since MFprintf uses a static buffer, output size is limited to 1024 characters.

MFputs .... Displays a C/C++ character string

■ void MFputs (char* *string*)

MFputs displays the C/C++ character string **string** within the current output region of the MuPAD session window. This routine behaves similar to the C/C++ standard routine **puts**.

Examples

• The function **showme** demonstrates the usage of *MAPI* output routines.

```
>> read("Makemod")("exa061001a"):
   MFUNC( showme, MCnop )                      // function 'showme'
   { MFnargsCheck( 1 );                        // accepts one argument
     MTcell a=MFarg( 1 );                      // gets first argument
     if (MFisInt(a)) MFprintf("%ld\n",MFlong(a)); // prints a 'long'
     else if (MFisString(a)) MFputs(MFstring(a)); // prints a  string
     else                     MFout( a ); // prints an object
     MFreturn( MFcopy(MVnull) );                // returns 'null()'
   } MFEND
>> showme(13), showme("any string"), showme(7/666);
   13
   any string
   7/666
```

6.10.2 Allocating Memory

Refer to section 4.4 for a brief introduction to the memory management of
MuPAD. Memory blocks which are no MuPAD cells (**MTcell**) should be allocated
and de-allocated with the following platform independent *MAPI* routines.

MFcfree .... Frees a memory block

■ void MFcfree (void* *pointer*)

MFcfree frees the memory block addressed by **pointer**. It behaves like the C/C++
standard routine **free**. **MFcfree must be applied only to memory blocks al-
located by MFcmalloc.**

MFcmalloc .... Allocates a memory block

■ void* MFcmalloc (MTcell *length*)

MFcmalloc allocates a memory block of **length** bytes. It behaves like the C/C++
standard routine **malloc**. **Memory blocks allocated by MFcmalloc must be
deallocated by use of routine MFcfree.**

Examples

• Function hrule(l,c) constructs a MuPAD string which consists of the char-
acter c concatenated l times. Also refer to example **exa060702b** on page 77.

```
>> read("Makemod")("exa061002a"):

   MFUNC( hrule, MCnop )                    // function 'hrule'
   { MFnargsCheck( 2 );                     // accepts two arguments
     MFargCheck( 1, DOM_INT );              // an integer (length)
     MFargCheck( 2, DOM_STRING );           // a string (character)
     long   l=MFlong ( MFarg(1) );          // gets length
     char  *s=MFstring( MFarg(2) );         // gets character
     char  *t=(char*) MFcmalloc( l+1 );     // allocates new string
     t[l]='\0';                             // terminates the string
     while(l>0) t[--l]=s[0];                // fills the string
     MTcell r=MFstring(t);                  // converts to MuPAD
     MFcfree(t);                            // frees the C buffer
     MFreturn( r );                         // returns new string
   } MFEND
>> print( hrule(7,"=")." ok ".hrule(7,"=") ):

   ======= ok =======
```

6.10.3   Kernel and Module Management

The following routines enable the user to access and control essential kernel and module features.

MCmodule .... Name of the current module domain

■ char* MCmodule

MCmodule contains the name of the module domain in which the current module function is defined. This C/C++ character string is defined by the module generator. Also refer to MVdomain and MVdomkey.

MFdisplace .... Displaces a module

■ long MFdisplace ( )

MFdisplace displaces a module with respect to the method *Least Recently Used*. The routine returns zero if it was successful and an error code unequal to zero otherwise.

MFglobal .... Declares a global MuPAD variable

■ void MFglobal (MTcell* var)

MFglobal declares the C/C++ variable specified by the address var as a global variable of the MuPAD memory management. This information is propagated to the *garbage collector* to prevent it from freeing the contents of *var. **Writing modules, MFglobal should be applied to each global variable of type MTcell.** Also refer to section 7.3 and the example given in appendix 10.6.3.

MFstatic .... Changes the module attribute 'static'

■ MTbool MFstatic (char* *name*, long *mode=1*)

If mode is zero, MFstatic sets the module attribute static of module name to false.
Otherwise the attribute is set to true. If the routine fails it returns false. Otherwise
it returns true.

MFterminate .... Terminates the MuPAD Kernel

■ void MFterminate ( )

MFterminate terminates the MuPAD kernel by making a complete kernel shutdown,
i.e. terminating the memory and module manager, calling the user-defined shutdown
functions specified with Pref::callOnExit, etc.

MFuserOpt .... Returns the string of user kernel options

■ char* MFuserOpt ( )

MFuserOpt returns the string of MuPAD kernel options specified with the UNIX com-
mand line option -U option. If no option was specified in this way, the routine
returns an empty string. Also refer to Pref::userOptions [50].

Examples

• Function disptest displays the name of its module and displaces as many
currently loaded modules as possible.

```
>> read("Makemod")("exa061003a"):
   MFUNC( disptest, MCnop )                // function 'disptest'
   { MFprintf( "Module '%s':\n", MCmodule );  // displays its name
     while( MFdisplace() == 0 )            // displaces modules
       MFputs( "Displacing a module" );    // as many as possible
     MFreturn( MFcopy(MVnull) );           // returns 'null()'
   } MFEND
>> module(stdmod), module(slave), disptest();
   Module 'exa061003a':
   Displacing a module
   Displacing a module
   stdmod, slave
```

• The function sflag sets the attribute static for its module and nosflag
removes it. Since the original output is long, it was cut in the example below:

```
>> read("Makemod")("exa061003b"):
   MFUNC( sflag, MCnop )                  // function 'sflag' sets
   { MTbool  ok=MFstatic(MCmodule, 1);    // the attribute 'static'
     MFreturn( MFbool(ok) );              // returns a Boolean 'ok'
   } MFEND

   MFUNC( nosflag, MCnop )                // 'nosflag' removes
   { MTbool  ok=MFstatic(MCmodule, 0);    // the attribute 'static'
     MFreturn( MFbool(ok) );              // returns a Boolean 'ok'
   } MFEND
>> sflag(), module::stat(), nosflag(), module::stat();
   ... exa061003b: age=  0 | flags = {"static"} ...
   ... exa061003b: age=  0 | flags = {}          ...
   TRUE, TRUE
```

• The following module initializes a C/C++ variable which is gobal to the whole module code. This task is done by the module initialization function `initmod` when loading the module by use of function `module`. The function `globtest` returns the contents of this variable.

```
>> read("Makemod")("exa061003c"):
   static MTcell  value;                  // a global variable

   MFUNC( initmod, MCstatic )             // function 'initmod'
   { MFglobal( &value );                  // declares as global
     value = MFlong( 42 );                // and initializes it
     MFreturn( MFcopy(MVnull) );          // returns space object
   } MFEND

   MFUNC( globtest, MCnop )               // function 'globtest'
   { MFreturn( MFcopy(value) );           // returns 'value'
   } MFEND
>> globtest(), globtest(), globtest(), globtest();
   42, 42, 42, 42
```

If you remove `MFglobal(&value)`, MuPAD may print out obscure error messages due to the fact, that the contents of `value` may have been freed by the garbage collector.

Also note, that this module (respectively `initmod`) is declared as `static` (refer to section 4.7.1.2) to prevent the module manager from displacing it. Otherwise the module may loose the contents of `value`.

6.10.4   Constants and Data Type Definitions

6.10.4.1   Data Type Definitions

When implementing modules, besides the basic data types of the C/C++ programming language also the following **MuPAD** data type definitions are needed.

MTbool .... Internal data type for C/C++ Booleans

■ MTbool

The data type **MTbool** declares an internal **MuPAD** Boolean. This can be either one of the constants listed in section 6.10.4.5 when using the 3-state logic or the value 0 (**false**) respectively any value $\neq 0$ (**true**) when using a 2-state logic.

MTcell .... Internal data type of a MuPAD memory cell

■ MTcell

The data type **MTcell** declares a cell respectively a tree of the **MuPAD** memory management. Read section 4.4 for more detailed information.

6.10.4.2   Meta Types

The following data type declarations unite some **MuPAD** basic domains (see table 4.1) into meta types to make programming more convenient.

MCchar .... Meta Data Type: character based types

■ int MCchar

MCchar includes the basic domains **DOM_IDENT** and **DOM_STRING**. Read section 4.5 for details about **MuPAD** data types.

MCinteger .... Meta Data Type: integer numbers

■ int MCinteger

MCinteger includes the basic domains **DOM_INT** and **DOM_APM**. Read section 4.5 for details about **MuPAD** data types.

MCnumber .... Meta Data Type: any numbers

■ int MCnumber

MCnumber includes the meta type **MCinteger** and the basic domains **DOM_COMPLEX**, **DOM_FLOAT** and **DOM_RAT**. Read section 4.5 for details about **MuPAD** data types.

6.10.4.3   Module Function Attributes

Module functions may carry attributes which control their behaviour at load and run-time or define special properties. Read section 6.2 for examples and information about using these attributes.

MChidden .... Module function attribute: hidden function

■ int MChidden

MChidden prevents the module manager from inserting the name of this module function into the module interface. However, the function can be directly executed by the user. Furthermore, this module function will not be exported as a global object when using the export [50] command.

MChold .... Module function attribute: option hold

■ int MChold

MChold prevents the module function from evaluating its function arguments. It behaves as option hold which can be set for MuPAD procedures. Refer to example exa060200c on page 58.

MCnop .... Module function attribute: no option

■ int MCnop

MCnop (no option) is the neutral function attribute which is set by default. Refer to example exa060200a on page 58.

MCremember .... Module function attribute: option remember

■ int MCremember

MCremember activates the caching of results for this module function. Previously calculated results are not recalculated, but are read-out from the so-called *remember table* of this function. MCremember behaves as option option remember which can be set for MuPAD procedures. Refer to example exa060200b on page 58.

MCstatic .... Module function attribute: static function

■ int MCstatic

MCstatic declares a module function as static, meaning its machine code cannot be displaced automatically. Also refer to section 4.7.1.2 and the routine MFstatic demonstrated in example exa061003b on page 106.

6.10.4.4   The Copy and Address Attribute

For some *MAPI* routines the following attributes control whether a reference
to an object itself or a copy of it is returned.

MCaddr .... Copy mode: address

■ int MCaddr

If the attribute MCaddr is passed to a *MAPI* routine, it instructs the routine to
return a reference to an object instead of a copy. At time MCaddr can be used with
the routines MFident and MFstring. Refer to the corresponding documentation.

MCcopy .... Copy mode: copy

■ int MCcopy

If the attribute MCcopy is passed to a *MAPI* routine, it instructs the routine to return
a copy of an object instead of a reference. At time MCcopy can be used with MFident
and MFstring. Also refer to MCaddr as well as to example exa060702b on page 77.

6.10.4.5   Internal Boolean C/C++ Constants

With the 3-state logic, MuPAD uses the following C/C++ constants for the
internal representation of the Boolean values.

MCfalse .... Internal Boolean C/C++ constant: false

■ MTbool MCfalse

MCfalse represents the internal MuPAD Boolean FALSE when using a 3-state logic.
Also refer to MTbool and MFbool3.

MCtrue .... Internal Boolean C/C++ constant: true

■ MTbool MCtrue

MCtrue represents the internal MuPAD Boolean TRUE when using a 3-state logic. Also
refer to MTbool and MFbool3.

MCunknown .... Internal Boolean C/C++ constant: unknown

■ MTbool MCunknown

MCunknown represents the internal MuPAD Boolean UNKNOWN when using a 3-state
logic. Also refer to MTbool and MFbool3.

6.10.4.6   Empty MuPAD cell

For the MuPAD memory management *MAMMUT* [30, refer to MMMNULL], the so-called *empty cell* MCnull has a similar meaning as the *NULL* pointer for the standard C/C++ memory management. It is a cell of no space which is used to indicate an initialized but empty object.

Some *MAPI* routines use MCnull to indicate that they failed, e.g. the routine MFgetTable. Do not mix up MCnull with the space object MVnull of the basic domain DOM_NULL.

MCnull .... Empty MuPAD object

■ MTcell MCnull

MCnull represents the empty MuPAD cell. It can be used internally to initialize the children of MuPAD cells or to indicate that an action failed. **No other *MAPI* routines than MFfree, MFequal and MFout must be applied to MCnull. MCnull must not be returned by a module function.**[4]

Examples

• The function donothing demonstrates the usage of the empty cell MCnull.

```
>> read("Makemod")("exa061004a"):

   MFUNC( donothing, MCnop )              // function 'donothing'
   { MTcell  value=MCnull;                // the empty MuPAD cell
     MFout ( value );                     // can be displayed and
     MFfree( value );                     // can be freed n-times
     value=MFgetVar("gandalf");           // reads-out 'gandalf'
     if( MFequal(value,MCnull) ) MFputs( "gandalf is undefined" );
     MFreturn( MFcopy(MVnull) );          // returns space object
   } MFEND

>> donothing();

   gandalf is undefined
```

---

[4]In release 1.4 MCnull is defined as the *NULL* pointer of type MTcell but this may change in future versions.

7. Special features

This chapter gives additional information about features of **MuPAD** and the module interface, which may be useful for special applications. For detailed information about online documentation for modules, read section 2.4 and 3.4.

7.1 Module Initialization Function

The module function `initmod` is automatically executed when loading a module with the command `module` respectively `loadmod`. It can be used to initialize the module -e.g. to set global values-, to display protocol messages, etc. As any other module function, `initmod` **must return a valid MuPAD object.**

Examples

• This example demonstrates the usage of the module domain method `initmod`.

```
>> read("Makemod")("exa070100a"):

   MFUNC( initmod, MCnop )                    // function 'initmod'
   { MFprintf( "Module '%s' is ready.\n", MCmodule );
     MFreturn( MFcopy(MVnull) );              // returns dummy value
   } MFEND

>> info(exa070100a):

   Module 'exa070100a' is ready.
   ...
   Module: 'exa070100a' created on 23.Feb.98 by mmg R-1.4.0
   Refer to the Dynamic Modules User's Manual for MuPAD 1.4
   ...
```

7.2   Including MuPAD Code

Since modules as well as library packages both are organized as domains, it is possible to include MuPAD code into a module domain. For a module *mod*, this can simply be done by creating a text file *mod*.mdg, placing it into the same directory as the binary *mod*.mdm. *mod*.mdg must have the following format:

```
table( "include" = [
    string₁ = expr₁, ...
    ] ):
```

When the module is loaded by use of function **module**, the expressions $expr_i$ are inserted into the module domain and can be accessed later as $mod::string_i$. Note that mod.*mdg* should not contain any other data than listed above, except comments. It is read-in by use of function **read** before the module domain is created, but the expressions $expr_i$ are inserted into the module domain after all module functions were inserted. Thus the table is evaluated once -by **read**- but cannot access entries of its own module domain.

7.2.1   Module Procedures

The methods and axioms listed above are called *module procedures* respectively *module expressions* and can be used as usual domain entries. They can be defined in a more convenient way by including them into the module source code using the following syntax:

$$\text{MPROC}(\ name\ =\ "..."\ )\quad \text{or}\quad \text{MEXPR}(\ name\ =\ "..."\ )$$

Note that the character string "..." must contain a valid expression, given in the MuPAD programming language. The character " must be written as \" when used in this string. Using the keyword MPROC, a module procedure is automatically inserted into the interface of the module domain.

7.2.2   Hybrid Algorithms

This technique supports the development of so-called *hybrid algorithms* which consist of a combination of C/C++ routines and MuPAD procedures and expressions. Whereas C/C++ code should be used for time relevant subroutines, procedures can be used to handle complex mathematical data, which may be a bit difficult on a C/C++ level. Module procedures are also an appropriate method to separate parts of an algorithm which are to be run-time configurable or exchangable by the user. In fact, all not time relevant parts may be implemented as module procedures, because using the **MuPAD** high-level language is often more convenient.

As described in section 7.3, module expressions may be used to store a global state of a non-static dynamic module.

Examples

• The module procedure **negrec** negates its argument and calls the module function **dorec** to compute the reciprocal value. Function **initmod** is defined as a procedure and the module domain entry **value** is set to 42.

```
>> read("Makemod")("exa070200a"):

   MPROC( initmod="fun((print(\"Module 'exa070200a' is ready.\")))" )
   MPROC( negrec ="proc(x) begin exa070200a::dorec(-x) end_proc" )
   MEXPR( value  ="42" )

   MFUNC( dorec, MCnop )                    // function 'dorec'
   { MFnargsCheck( 1 );                     // accepts one argument
     MFargCheck( 1, MCnumber );             // which is a number
     MFreturn( MFrec(MFcopy(MFarg(1))) );
   } MFEND
>> negrec(7), negrec(exa070200a::value);

   "Module 'exa070200a' is ready."
   ...
   - 1/7, -1/42
```

Another example of module procedures is given in section 10.6.3. Also refer to section 5.1.3 for additional information concerning the module generator.

7.3   Storing a Global State

Global states of a module can be stored in C/C++ variables of the module. Note that a global variable of type **MTcell** must be declared as global to the **MuPAD** memory management, to prevent the *garbage collector* from freeing its contents. This can be done with the routine **MFglobal**.

When a module is displaced (see section 4.7.2), the contents of all its C/C++ variables gets lost. This may not be acceptable when working with open files or network connections. To avoid automatical displacement of the module, it can be declared as **static** at compile time. Refer to section 4.7.1 for details.

On the other hand, if the module code is huge and seldom used it should be possible to displace its machine code in order to save system resources. This can be achieved using one of the methods discussed in the following sections.

7.3.1   Using Module Domain Entries

If the value of a global state can be converted into a MuPAD object, it may be
stored in the module domain -see section 7.2.1- using the routines MFinsDomain
and MFgetDomain. Refer to section 6.7.10 for details.

Even if the module code in displaced, the module domain and its domain entries
still exist and allow to reload the machine code on demand. The module domain
is removed only when calling the function reset or when assigning the identifier
which stores this domain a new value. Module expressions may get lost when
applying the function module respectively loadmod to the module, because it
reinitializes the module domain.

7.3.2   Temporary Static Modules

The routine MFstatic allows to change the static attribute of a module at
run-time. This enables the user to control whether the module is currently
allowed to be displaced or not.

For example, using a module for interprocess communication, its state must
only be saved while a connection is open. When all connections are closed,
the module may be displaced without losing relevant information. This can be
achieved using the routine MFstatic to lock the module whenever a connection
is opened and to unlock it when all connections are closed.

Examples

- exa070200a: demonstrates how to define module expressions, p. 115

- exa060710b: demonstrates the access to module domain entries, p. 91

7.4   User-defined Data Types

The domains concept [7] allows users to create their own MuPAD data types.
The usual way of creating a new type mydata is to define a domain mydata
and procedures like mydata::new for creating elements, mydata::print for
displaying them, mydata::expr to convert them into MuPAD expressions -as
far as possible- and so on.

Since modules are represented as domains, they can also be used to implement
user-defined data types. Instead of MuPAD procedures, here, module functions
may be used to define methods for creating and operating on the elements.
For information about the domain representation of modules as well as special
domain methods refer to section 2.3 and section 3.3.

For general information about writing library packages and implementing user-defined data types refer to the paper *Writing library packages for MuPAD* [9].

Examples

Refer to the following examples which demonstrate how user-defined data types can be implemented in **MuPAD** using dynamic modules:

- `stack`: a simple example, demonstrates the general concept, section 10.2.1

- `mfp`: quick & dirty, using machine floating-point numbers, section 10.2.2

7.5 MuPAD Preferences

The domain `Pref` [50] allows the user to get and set preferences of the **MuPAD** system. The following preferences are relevant to module programmers. Refer to the online documentation of **MuPAD** release 1.4.1 for the complete list.

`Pref::callBack`: The function, respectively the list of functions, specified here are executed periodically. For example, this feature can be used to check a status, to display protocol messages or close files or network connections used by a module periodically. Note that callback routines must be used very carefully, especially if they have any side-effects like changing or removing global values!

`Pref::callOnExit`: The function, respectively the list of functions, specified here are executed when (directly before) the **MuPAD** kernel is terminated. This can be used for any kind of re-initialization, e.g. closing files or network connections or freeing other resources used by a module, etc. Refer to the module `net` (section 10.6.3), which provides the so-called **MuPAD** macro paralellism, as an example.

`Pref::moduleTrace`: This is a debugging feature for wizards. The **MuPAD** kernel objects used by a module -i.e. their kernel entry codes- are displayed at run-time when this preference is set to `TRUE`.

`Pref::userOptions`: Contains user options which were passed to the **MuPAD** kernel when it was started. On UNIX systems, this preference is set to the string `"xxx yyy"` when calling `mupad -U 'xxx yyy'` respectively `xmupad -U 'xxx yyy'`. Refer to the module `net` (section 10.6.3), which provides the so-called **MuPAD** macro paralellism, as an example.

8. Technical Information

8.1 Supported Operating Systems

The complete list of operating systems for which dynamic modules were imple-
mented is given in table 5.2. Due to technical reasons -e.g. compiler changes, op-
erating system updates, the hardware platforms available to the MuPAD group
at the University of Paderborn, etc-, some platforms may not be supported with
new MuPAD releases.

8.1.1 Apple Macintosh

Dynamic modules can be supported for PowerPC systems using Apple System
7 or newer only. They will be made available soon. Please contact the MuPAD
developers[1] for information about the current state. Since creation of modules
differs slightly from the method demonstrated for UNIX operating systems,
this, as well as special features of the Macintosh version, will be described in a
separate documentation.

8.1.2 Windows 95/NT

Dynamic modules for Windows 95/NT will be made available with *MuPAD Pro*
soon. Please contact the MuPAD developers[2] for information about the current
state. Since creation of modules differs slightly from the method demonstrated
for UNIX operating systems, this, as well as special features of the Windows
95/NT version, will be described in a separate documentation.

---

[1]The author andi@mupad.de or bugs@mupad.de.

[2]The author andi@mupad.de or bugs@mupad.de.

8.1.3 Linux

Dynamic modules for Linux are supported with Linux/ELF systems (Linux kernel release 2.0 or higher). Since Linux is a UNIX operating system, please refer to section 8.1.4 for additional information.

8.1.4 Unix

The UNIX derivatives for which dynamic modules were implemented yet are listed in table 5.2. Further ports are made according to their need. Contact the MuPAD developers[3] for detailed information.

Though the following information is related to UNIX operating systems, many statements are also valid for other operating systems. Even if the methods and the syntax may differ.

8.2   Integrating Software Packages

8.2.1   Shared Libraries

If a software package is available as a shared library -often called a dynamic library-, it can simply be linked to and directly be used within a dynamic module as described in section 8.5.2.

You may have problems if this library was compiled from other programming languages than C++. Refer to section 8.4 for information about integrating such kinds of libraries into dynamic modules.

A demonstration of integrating a shared library into a dynamic module is given by the example *IMSL* described in section 10.3.1.

8.2.2   Static Libraries

If a software package is available as a static library archive, the possibility to integrate it into a dynamic module depends on the way it was compiled and which compiler will be used by mmg to create the module binary. In the best case, it can simply be used in the same way as shared libraries (read section 8.5.2 for detailed information) but in contrast to them, it becomes an integral part of the module binary. Thus, there will be no need to set any library search path (see section 8.5.1).

---

[3]The author andi@mupad.de or bugs@mupad.de.

You may have problems if this library was compiled from other programming languages than C++. Refer to section 8.4 for information about integrating such kinds of libraries into dynamic modules.

You may also have problems if this library was not compiled into so-called position independent code. Refer to section 8.3 for detailed information.

A demonstration of integrating a static library archive into a dynamic module is given by the integration of *NAGC* algorithms (see section 10.3.2) as well as by the module **net** (section 10.6.3) which uses the *PVM* library.

8.2.3 Source Code

If a software is available as C/C++ source code, it can be compiled to so-called position independent code (PIC) using a C++ compiler, e.g. the GNU **g++** compiler using option **-fpic**. Read section 8.3 for detailed information about position independent code.

If the source code uses any routines, variables or other definitions of the MuPAD kernel, it must be compiled using the module generator **mmg** with option **-c**. Refer to section 5.2.3 for detailed information.

If the source code was written in any programming language other than C++, a corresponding compiler must be used to compile it either into a shared library or into a static library archive (respectively an object file) of position independent code. Refer to section 8.3 and section 8.4 for detailed information about integrating such kind of object code.

8.3 Position Independent Code

Due to the fact that a dynamic module is loaded at run-time, most operating systems and compilers respectively linkers expect that it has been compiled into so-called *position independent code* (PIC). This allows the dynamic linker to place it at any address of the memory space of the MuPAD kernel process and to link it with the kernel object code.

C++ source code can be compiled to position independent code either using the GNU **g++** compiler with option **-fpic** or any other C++ compiler which usually accept options like **-pic** or **-Kpic**. Refer to section 5.2.1 and section 5.2.3 as well as to your C++ compiler manual for additional information.

If your compiler manual does not provide any information about creating position independent code explicitly, try to create a shared library and then refer to section 8.2.1 for further instructions.

Note that depending on your operating system, compiler and linker, you may not be able to integrate software packages into dynamic modules if they are not compiled to position independent code respectively a shared (dynamic) library.

8.4 Including Non C++ Code

Since the MuPAD module generator mmg (section 5) uses a C++ compiler to create module binaries, special tasks have to be carried out for including any non C++ code into a dynamic module.

In general, different compilers may use different naming conventions for *symbols*[4] when creating object code. Thus, a linker may not be able to link object code files which were created by different compilers.

Further problems may occur when using different programming languages. They often differ in their basic data types, the way of calling subroutines and passing arguments and so on. The possibility of linking object code files which were compiled from different programming languages strongly depends on the operating system as well as the compilers and the linker which are used.

The following sections describe the usual way to handle these problems on UNIX operating systems. However, also refer to the corresponding technical documentation of your operating system respectively your compilers and linker for detailed information.

8.4.1 Including K&R-C or ANSI-C Code

Including plain K&R-C or ANSI-C code, the corresponding C header files must be embedded into so-called external statements **extern "C"** {...} to instruct the C++ compiler to use plain C style linkage for these objects.[5]

In some cases it might be necessary to explicitly link the K&R-C respectively the ANSI-C standard library libc.so. This may also require to redefine the linker call of the module generator (section 5.2.2) as well as the search path for shared libraries (section 8.5.1). Also refer to your C/C++ compiler manual.

An example of using plain C code within dynamic modules is given in section 10.3.2, by the integration of the *NAGC* library.

---

[4]Internal references to machine code routines and variables.

[5]C++ compilers use a naming convention and a linkage which is different from K&R-C and most ANSI-C compilers. Also refer to a C++ reference manual, e.g. [49, section 4.4].

8.4.2   Including PASCAL Code

Some C++ compilers and linkers allow to use object code, which was compiled from source code written in the PASCAL programming language, within C++ binaries. Refer to your PASCAL and C++ compiler manual as well as to a C++ reference manual (e.g. [49, section 4.4]) for detailed information.

In some cases -especially when using PASCAL input/output features- it might be necessary to explicitly link the PASCAL standard library libp.so. This may also require to redefine the linker call of the module generator (section 5.2.2) as well as the search path for shared libraries (refer to section 8.5.1).

An example of integrating PASCAL code into a module is given in section 10.7.2.

8.5   Shared Libraries

In contrast to static libraries, so-called shared (dynamic) libraries are no integral part of a program but are linked at run-time. This may require to set a library search path to enable the linker to find the library files on the hard disk.

8.5.1   Library Search Path

Depending on the local configuration of the operating system, the user may need to extend the UNIX environment variable LD_LIBRARY_PATH -respectively SHLIB_PATH on HP-UX systems- to enable the dynamic linker to find shared libraries on the hard disk, e.g. the GNU library libg++.so or any library which were explicitly linked by the user.

The following command extends the library search path by a new directory XXX on a Solaris as well as a Linux operating system. If this definition is needed permanently, it must be inserted at the end the user's ~/.cshrc file.[6]

```
setenv LD_LIBRARY_PATH ${LD_LIBRARY_PATH}:XXX
```

8.5.2   Using Shared Libraries

Include the C/C++ header files -which belong to the shared library- into the module source code and link the library by calling the module generator with option -lxxx, where xxx is the name of the shared library file libxxx.so. Refer to section 5.2.2 for additional information.

---

[6]Insert the line **export LD_LIBRARY_PATH=$LD_LIBRARY_PATH:XXX** into the user's file ~/.profile when using sh, ksh or bash instead of the csh or tcsh shell.

The shared library will not become an integral part of the dynamic module but will be linked at run-time automatically when loading the module. If the library cannot be found by the dynamic linker at run-time, then refer to section 8.5.1 to read about extending the shared library search path.

The fact that users need to install not only the module itself, but also one or more shared libraries, which may furthermore require to extend the shared library search path too, may be seen as a disadvantage.

On the other hand, the shared library can be exchanged without recompiling the module code. Furthermore, when running more than one MuPAD kernels on a multi processor machine using shared memory, the code of a shared library is only loaded once. It is shared between several programs, with the consequence that less memory resources are needed.

8.6   Analyzing Module Object Code

In some cases -if any problems occur- it might be useful to analyze the machine code and the symbol table of a dynamic module in order to get deeper insight about the routines and variables which are defined respectively are to be linked from other libraries as well as from the MuPAD kernel process. For this, as well as for debugging modules, the user should know about the names of the C++ routine representing module functions.

8.6.1   Internal Names of Module Functions

The name of the C++ routine representing a module function is generated automatically when defining the routine using the keyword MFUNC. The internal name of a function *module*::*func* is MFeval_*module*_*func*, e.g. MFeval_stdmod_which represents the module function stdmod::which.[7]

This name can be used to set a breakpoint within a module function in order to debug it with a C/C++ source level debugger. Refer to section 8.7 for detailed information about debugging dynamic modules on UNIX operating systems.

8.6.2   Reading the Symbol Table

The UNIX standard program nm can be used to examine module binaries. It lists all objects (*symbols*, routines and variables) which are defined or referenced in an executable or object file. This is useful for checking the module code when

---

[7]Do not mix up this name with the symbolic name of the C++ routine as used by the compiler and linker, e.g. MFeval_stdmod_which__FP10MMMTheader11T0.

the error message **Unresolved symbols** is displayed while loading a dynamic module or executing a module function.

The symbolic object names listed by **nm** can be converted into a more readable form with the UNIX command **c++filt**[8]

```
andi> echo MFprintf__FPce | c++filt
MFprintf(char* ...)

andi> echo MFfree__FP10MMMTheader | c++filt
MFfree(MMMTheader*)
```

where **MFprintf__FPce** and **MFfree__FP10MMMTheader** are symbolic names of C/C++ routines as listed by the program nm. The output shows the prototypes of the corresponding C++ routines. The type **MMMTheader*** is an internal representation of the *MAPI* data type **MTcell**.

8.7   Debugging Dynamic Modules

This section describes the debugging of dynamic modules on UNIX operating systems using the GNU debugger **gdb**, which may also be driven by the X11 user interfaces **xddd** or **xxgdb**. However, even if the description concentrates on the GNU debuggers, other C/C++ source level debugger which provide similar features may be used.

8.7.1   Preparing the Module and MuPAD

To debug a dynamic module the user must ensure, that the module binary contains debug information. Furthermore, the source code as well as all by the module generator temporarily created source (**MMG*.C**) and object (***.o**) files must be readable for the debugger.

1. Compile the module with the module generator using option **-g** (section 5.4.2). This option instructs the C++ compiler to include debugging information into the binary code and also prevents **mmg** from removing the temporarily created files.

2. **MuPAD** must be started in the directory which contains the module source code, the files temporarily created by **mmg** as well as the binary file ***.mdm**. Otherwise the debugger may not find all of the information it needs.

---

[8]This program is distributed with some C++ compilers.

8.7.2   Starting the Debugger

Note, that for obvious reasons the MuPAD kernel itself cannot be debugged by
the user. Due to this fact, it does not make sense to start it directly under
control of a debugger, because no debug information would be found.

On the other hand, UNIX debuggers can be attached to a running process if
the corresponding process-id is known. This feature provides highest flexibility
and is used to debug dynamic modules in MuPAD.

To debug a dynamic module, the debugger can either be started explicitly by the
user -as described below- or automatically if any fatal error occurs at run-time.
Refer to section 10.1.7 for detailed information about this features.

8.7.2.1   Debugging – Step-by-Step

The following source file demo.C defines a module function demo::buggyfunc
which has a fatal error (an assignment to a *NULL* pointer) in the source line 4:

```
1   MFUNC( buggyfunc, MCnop )
2   { MFputs( "I am a buggy module function" );
3     char *pnt = NULL;
4     *pnt = '?'; // nice try!
5     MFreturn( MFcopy(MVnull) );
6   } MFEND
```

Below, the debugging of the module function demo::buggyfunc is demonstrated
on a Solaris operating system. On other UNIX operating systems, step 2 differs
in the arguments of the commands ps and grep.[9]

1. **Make sure the module is ready** for debugging (refer to section 8.7.1).

   ```
   andi> mmg -g demo.C
   andi> ls *demo*
   MMGdemo.C  demo.C      demo.mdm    demo.o
   ```

2. **Start MuPAD and determine the kernel process-id**. This can be
   done by use of the UNIX commands ps and grep. Here, the kernel process-
   id is 27821. **Load the dynamic module** as usual.

   ```
   andi> ps -efa | grep solaris/bin/mupad | grep -v grep
   andi 27821 27815  0 09:13:33 pts/10  0:03 /usr/local/MUPAD/share
   /bin/../../solaris/bin/mupad -l /usr/local/MUPAD/share/lib...
   ```

---

[9]You may need to use **ps -guaxw**. Exchange **solaris** by **i386**, **sgi6**, etc.

3. **Start the debugger and attach it** to the MuPAD kernel process.

```
and> gdb mupad 27821
GDB is free software and you are welcome...
Reading symbols from /user/andi/demo.mdm...done.
0xef6f7920 in _read ()
(gdb)
```

4. **Set breakpoints** within the module **and continue the execution** of MuPAD with the debugger command CONTINUE. Read in section 8.6.1 about the names of C++ routines representing module functions.

```
(gdb) break MFeval_demo_buggyfunc
Breakpoint 1 at 0xef501c38: file demo.C, line 1
(gdb) continue
Continuing.
```

5. **Call the module function.** The debugger will stop at the top of the module function and the code can be debugged as usual.

```
>> demo::buggyfunc();
```

```
Breakpoint 1, MFeval_demo_buggyfunc (MV_args=0x172df4,
    MV_prev_func=0, MV_eval_type=0, MV_exec=0x35155c)
    at demo.C:1
1    MFUNC( demo, MCnop )
Current language: auto; currently c++
(gdb) next
3          MFputs( "I am a buggy module function" );
(gdb)
```

6. **Stop debugging** with the debugger command QUIT. It detaches the debugger from the MuPAD kernel process and terminates the debugger. MuPAD will still be running and may be terminated as usual. On the other hand, if no fatal errors occured during debugging, further computation can be done and step 3 to 6 can be repeated later as often as needed.

```
(gdb) quit
The program is running.  Quit anyway (and detach it)? (y or n) y
Detaching from program:  process 27821
andi>
```

8.7.2.2 Using X11 the Debugger Frontend xxgdb

Using the debugger interface **xxgdb** or **xddd** (figure 8.1) instead of directly using **gdb** is much more convenient and step 2 and 3 of section 8.7.2.1 can be carried out in a MuPAD session at any time: just load the dynamic module **gdb** and call its method **new** as demonstrated below. For details refer to section 10.1.7 or the online documentation of module **gdb**.

```
>> module(gdb):
>> gdb();
>> module::buggyfunc();
```

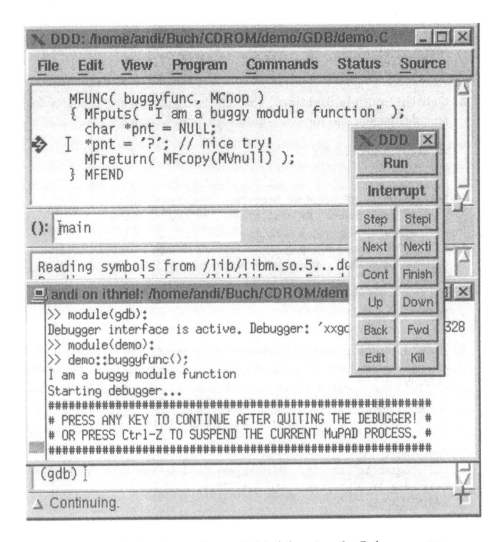

Figure 8.1: Debugging a Dynamic Module using the Debugger **xddd**

9. Trouble Shooting

Due to the fact that linking different complex software packages together into one binary file is sometimes not trivial, this chapter provides information about important aspects that have to be considered as well as some tips for shipping around problems which may occur in rare cases.

Also refer to section 8.2 for an introduction to the methods of integrating software packages into modules. Read section 8.7 for details on debugging modules and see section 5.5 for errors and warnings displayed by the module generator.

9.1 Naming Conflicts

Most programmers of complex software packages use their own special naming conventions for naming C/C++ routines, variables and so on. Hence, in most cases different software packages can be linked together without problems. All the same, in some rare cases there may be naming conflicts, especially when very general identifier names like **debug** or **overflow** were used.

To avoid naming conflicts with the **MuPAD** kernel and the *MuPAD application programming interface* (*MAPI*), do not use the prefixes M?? and M? -especially MC, MD, MF, MT and MV- to name any C/C++ routines, variables and definements.

However, if any naming conflicts occur, use the following strategy to try to solve the problem:

1. Declare conflicting routines and/or variables as local to the context of one software package respectively to one C/C++ source file. This can be done with the C/C++ directive **static**. Remove the declaration of this object from the corresponding header file.

2. Rename the conflicting objects in one of the software packages.

3. Undefine conflicting macros or definements using the preprocessor command #undef. This can either be done before or after the header files of the corresponding software package is included with #include.

Especially *PARI* [4] (see sections 4.2 and 4.5.4) uses some generic or reserved names like gcos, overflow, un, err, etc which may lead to naming conflicts. In many cases, they can be undefined within the module source code if needed. Refer to section 10.5.1 as an example.

9.2   Exceptions and Threads

Exceptions and threads are still features, which are sometimes handled a bit different from one operating system to another as well as by two different compilers. Therefore, at present they are not officially supported by dynamic modules. However, depending on the operating system, the compiler and linker which is used to compile the thread source code and the dynamic module, the binary may run without problems. An example of a module that uses POSIX threads is given in section 10.7.3.

Note: The MuPAD kernel 1.4 and *PARI* [4] (see sections 4.2 and 4.5.4) are not thread-safe. Besides, parts of the MuPAD kernel still consist of K&R C code, the kernel does not catch any C++ exceptions.

9.3   Streams and Templates

Since MuPAD is available for several platforms using different technologies for displaying data, no standard streams like stdout are officially supported by dynamic modules. Refer to MFprintf for displaying C/C++ data.

On some systems templates as well as C++ streams cannot be supported due to technical problems with controlling the template linker. If you have problems using these techniques, try to replace the compiler and linker call of mmg. Refer to section 5.2.1 and section 5.2.2 as well as to your compiler and linker manual for additional information. A module application that uses templates is demonstrated in section 10.5.1.

9.4   Signals

The MuPAD kernel 1.4 uses signals, e.g. to communicate with its X11/XView frontends: SIGUSR1 and SIGUSR2 for hand-shaking, SIGCONT for debugging, etc. If a module application also needs to use signals, it may use SIGALRM or SIGURG. However, on signal conflicts between the kernel and a module application, the corresponding software package cannot be integrated into **MuPAD** by use of the concept of dynamic modules, but must be linked via interprocess communication or corresponding techniques. An example of a module application that uses signals is given in section 10.6.3.

9.5   Questions and Answers

This section provides information about typical problems which may occur when using and/or writing dynamic modules. Further information is available in form of *Frequently Asked Questions* via the World-Wide-Web at the **MuPAD** web site. Please refer to `http://www.mupad.de/support.shtml` if the following questions do not cover your problem or the answers do not solve your problem.

The kernel quits with the message ...`unresolved symbols`...? Check if you have linked all libraries needed for your module.

Check if any name of a C/C++ routine or variable is misspelled or if a C/C++ routine is called with a wrong type of argument. Refer to section 8.6.2 for information about reading the symbol table of the module.

If option `-j link` is used, check if `mmg` uses the default compiler to create the module binary: remove the option `-gnu` or `-nognu` if it is set.

If any non-C++ code was linked into the module, check if it was embedded correctly. Refer to section 8.4 for details.

The kernel quits with an error message ...`relocation error`... **or** ...`symbol not found`...? See above.

The kernel quits with a segmentation fault? If the module contains an interrupt handler then check if this module was declared as static. Refer to section 4.7.1.2 and 5.4.1 as well as the routine `MFstatic` for details.

If the module stores global states or status information in C/C++ variables then check if this module was declared as static.

If a global variable is of type `MTcell` then make sure it is declared as global by use of routine `MFglobal`.

Use the dynamic module `gdb` distributed with the accompanying CD-ROM to debug the module. If the error occurs at any point within the **MuPAD** kernel then either a *MAPI* routine was called in a wrong way or a bad **MuPAD** object was created. Typical user errors are e.g. to forget to initialize all elements of a list before using it or not to use the routine `MFcopy` when a logical copy of a **MuPAD** object is needed. Refer to section 8.7 and section 10.1.7 for detailed information about debugging.

The kernel quits with the message ...library not found...? Check if the corresponding library exists and is readable. Check if the library search path is set correctly. Refer to section 8.5.1 for details.

MuPAD dies when unloading a module or on quitting the session? Instruct mmg to use the GNU C++ compiler by setting the option -gnu or set option -a static to declare this module as unloadable. The reason of this problem may be a wrong handling of streams or templates. Refer to section 5.4 for details.

A module cannot be loaded or initialized by MuPAD? Check if the module can be found by MuPAD.

Check if the module was compiled for this hardware and software platform.

Check if you have linked all libraries needed for your module.

Try to re-generate the module using an alternative C++ compiler. Since different compilers may use different linking formats, your compiler may not be supported by MuPAD.

Using streams, templates or C++ exceptions in a dynamic module, there are unresolved symbols or the MuPAD kernel reports a fatal error? Try to re-generate the module using an alternative C++ compiler and/or linker. Refer to section 5.2 for details.

Avoid these features. Use the *MAPI* routines MFputs and MFprintf for displaying C/C++ objects.

The compiler reports a warning ...cannot inline function...? Most routines of *MAPI* are realized as C++ inline functions to gain optimal performance. Some compilers are not smart enough to handle arbitrary C/C++ statements in inline functions. Ignore the warning or look for an option to suppress it.

The compiler reports a warning ...statement is unreachable...? This compiler is not as smart as others. Ignore the warning or look for an option to suppress it.

10. Demos and Applications

This chapter contains module applications. They are distributed in the hope that they will be useful for your work, but without any warranty; without even the implied warranty of merchantability or fitness for a particular purpose. However, studying their sources may provide deeper insight in writing modules.

The book only contains extracts of the module source code. The complete sources are available on the accompanying CD-ROM. See appendix A for contents information, installing instructions and license agreements.

Table 10.1: Demonstration/Application Navigator

Section	Description of module application
(10.1) Examples	Date function, Several source files, Calling filter programs, Pipe communication, Simple Internet access, Drawing fractals
(10.1.7) gdb	A module for automatic debugging on fatal errors (xxgdb)
(10.2.1) stack	A simple implementation of a user-defined data type
(10.2.2) mfp	A simple implementation of machine floating point arithmetic
(10.3.1) imsl	Using the numeric library *IMSL* within MuPAD
(10.3.2) nagc	Using the numeric library *NAGC* within MuPAD
(10.4.1) gmp	Using the *GMP* library for arbitrary precision arithmetic
(10.5.1) magnum	Using the *Magnum* library for factoring polynomials
(10.5.2) ntl	Using the *NTL* library for arithmetic and factoring polynomials
(10.5.3) gb/rs	Computing Gröbner basis and isolating real roots of polynomials
(10.5.4) sing	Interfacing the *Singular* system for Gröbner basis computation
(10.6.1) asap	Integrating interprocess protocols: Using *ASAP*
(10.6.2) mp	Using the *MP* communication protocol in MuPAD
(10.6.3) net	A prototype of the MuPAD macro parallelism
(10.7.1) motif	Using X11/Motif widgets within dynamic modules
(10.7.2) pascal	Linking PASCAL routines into dynamic modules
(10.7.3) pthread	Using POSIX threads within dynamic modules
(10.7.4) scan	Creating MuPAD scanner modules using `flex`

10.1   Some Introducing Examples

The modules described here are quite simple. They are intended to demonstrate
the general concept of writing, creating and using dynamic modules in MuPAD.

10.1.1   A Date Function for MuPAD

This example demonstrates a module date which provides a function new to
determine the current date and time in form of a MuPAD character string. This
example includes a module online documentation and can be used as follows:

```
>> module(date):                        // load the dynamic module
>> date::doc();                         // display the introduction
MODULE
  date - A date function for MuPAD
INTRODUCTION
  This module provides a date function to MuPAD.  It is a simple example
  for writing module functions and using the module domain method 'new'.
  The implementation can be used on UNIX operating systems.
[...]
>> date::new();                                          // get current date
                    "Mon Mar  9 09:34:27 1998"
>> date();                                               // it's a shortcut
                    "Mon Mar  9 09:34:45 1998"
```

As simple as the functionality of this module is its source code. It consists of
only a few lines of C/C++ code:

```
1    ////////////////////////////////////////////////////////////////////////
2    // MODULE: date.C -- A date function for MuPAD
3    // AUTHOR: Andreas Sorgatz (andi@uni-paderborn.de)
4    // DATE   : 03.Mar.1998
5    // TESTED: MuPAD 1.3, 1.4.0, Unix operating systems
6    ////////////////////////////////////////////////////////////////////////
7    MFUNC( new, MCnop )                 // Module function with No OPtions
8    { time_t   clock;                   // Declare your C++ variables
9      char    *cstrg;
10
11     MFnargsCheck(0);                   // Do not allow any arguments
12
13     time(&clock);                      // C++ code to get the current
14     cstrg = ctime(&clock);             // date in form of a C string.
15     cstrg[24] = '\0';                  // Remove the '\n' at the end.
16
17     MTcell mstrg = MFstring(cstrg);    // Convert into a MuPAD string
18     MFreturn( mstrg );                 // Return the result to MuPAD
19   } MFEND
```

To create the module binary, the module generator mmg is called as follows:

```
andi> mmg -v date.C
MMG -- MuPAD-Module-Generator -- V-1.4.0  Feb.98
Mesg.: Scanning source file ...
Mesg.: 1 function(s) and 0 option(s) found in 21 lines
Mesg.: Creating  extended module code ...
Mesg.: Compiling extended module code ...
g++ -fno-gnu-linker -fpic -DSOLARIS -c ./MMGdate.C -o ./date.o
    -DPARI_C_PLUSPLUS -DLONG_IS_32BIT -DPOINTER_IS_32BIT
    -I/user/andi/MUPAD/share/bin/../../share/mmg/include/kernel
    -I/user/andi/MUPAD/share/bin/../../share/mmg/include/acmatch
    -I/user/andi/MUPAD/share/bin/../../share/mmg/include/pari
Mesg.: Linking dynamic module ...
g++ -G -o ./date.mdm ./date.o
    -L/user/andi/MUPAD/share/bin/../../solaris/lib
Mesg.: Ok
```

The plain text file date.mdh contains the online documentation for this module:

```
MODULE
   date - A date function for MuPAD

INTRODUCTION
   This module provides a date function to MuPAD.  It is a simple example
   for writing module functions and using the module domain method 'new'.
   The implementation can be used on UNIX operating systems.

INTERFACE
   doc, new
[...]
<!-- BEGIN-FUNC new -->
NAME
   date::new - Returns the current date and time

SYNOPSIS
   date::new()

DESCRIPTION
   The function returns the current date and time  as a character string.
   The end of line character, which typically  ends  this string  on UNIX
   operating systems, is removed.  Instead of 'date::new()' the short-cut
   'date()' can be used to call this function.

EXAMPLE:
   >> date::new();
                     "Mon Mar  9 09:34:27 1998"
   >> date();
                     "Mon Mar  9 09:34:45 1998"
SEE ALSO
   rtime, time
<!-- END-FUNC -->
```

Refer to the directory demo/DATE/ on the CD-ROM for additional information.

10.1.2   Splitting Modules into Several Source Files

This example demonstrates how modules can be split into several source files
(see section 5.2.3). For this, the source code of the module date described in
the previous section is divided into two parts.

The functionality to create a MuPAD string with the current date and time is
isolated by creating a file getdate.C containing a routine getdatestring:

```
1    /////////////////////////////////////////////////////////////////////////
2    // FILE  : getdate.C -- Implementation of a date function
3    // AUTHOR: Andreas Sorgatz (andi@uni-paderborn.de)
4    // DATE  : 17.Mar.1998
5    // TESTED: MuPAD 1.3, 1.4.0, Unix operating systems
6    /////////////////////////////////////////////////////////////////////////
7    MTcell getdatestring()                        // A C/C++ subroutine using MAPI
8    { time_t  clock;
9      time(&clock);                               // C++ code to get the current
10     char* cstrg = ctime(&clock);                // date in form of a C string.
11     cstrg[24] = '\0';                           // Remove the '\n' at the end.
12     MTcell mstrg = MFstring(cstrg);             // Convert into a MuPAD string
13     return( mstrg );                            // Return the result
14   }
```

Because this code uses *MAPI*, mmg must be used to compile it (see section 5.2.3).
Otherwise a C++ compiler could be used directly (also refer to section 8.3):

```
andi> mmg -v -c main=date2 getdate.C
MMG -- MuPAD-Module-Generator -- V-1.4.0  Feb.98
Mesg.: Scanning source file ...
Mesg.: Creating  extended module code ...
Mesg.: Compiling extended module code ...
g++ -fno-gnu-linker -fpic -DSOLARIS -c ./MMGgetdate.C -o ./getdate.o
    -DPARI_C_PLUSPLUS -DLONG_IS_32BIT -DPOINTER_IS_32BIT
    -I/user/andi/MUPAD/share/bin/../../share/mmg/include/kernel
    -I/user/andi/MUPAD/share/bin/../../share/mmg/include/acmatch
    -I/user/andi/MUPAD/share/bin/../../share/mmg/include/pari
Mesg.: Skipping linking of dynamic module
Mesg.: Ok
```

The module main source file date2 now only contains the following lines:

```
1    /////////////////////////////////////////////////////////////////////////
2    // MODULE: date2.C -- A date function for MuPAD
3    // AUTHOR: Andreas Sorgatz (andi@uni-paderborn.de)
4    // DATE  : 17.Mar.1998
5    // TESTED: MuPAD 1.3, 1.4.0, Unix operating systems
6    /////////////////////////////////////////////////////////////////////////
7    extern MTcell getdatestring();                // External declaraction
8    MFUNC( new, MCnop )                           // Module function with No OPtions
9    { MFnargsCheck(0);                            // Do not allow any arguments
10     MFreturn( getdatestring() );                // Return the result to MuPAD
11   } MFEND
```

The module binary is then created by calling the module generator as follows:

```
andi> mmg -v date2.C getdate.o
MMG -- MuPAD-Module-Generator -- V-1.4.0  Feb.98
Mesg.: Scanning source file ...
Mesg.: 1 function(s) and 0 option(s) found in 14 lines
Mesg.: Creating  extended module code ...
Mesg.: Compiling extended module code ...
g++ -fno-gnu-linker -fpic -DSOLARIS -c ./MMGdate2.C -o ./date2.o
    -DPARI_C_PLUSPLUS -DLONG_IS_32BIT -DPOINTER_IS_32BIT
    -I/user/andi/MUPAD/share/bin/../../share/mmg/include/kernel
    -I/user/andi/MUPAD/share/bin/../../share/mmg/include/acmatch
    -I/user/andi/MUPAD/share/bin/../../share/mmg/include/pari
Mesg.: Linking dynamic module ...
g++ -G -o ./date2.mdm ./date2.o getdate.o
    -L/wiwianka/user/cube/MUPAD/share/bin/../../solaris/lib
Mesg.: Ok
```

Refer to the directory demo/DATE2/ on the CD-ROM for more information.

10.1.3   Executing UNIX Filter Programs

This example demonstrates a module call which provides a function new to call a UNIX program returning its output as a MuPAD character string. The function accepts an input character string. This is useful when executing filter programs as demonstrated below. new performs the simpliest way of interprocess communication and is useful to interact with special purpose tools.

```
>> module(call):                              // load the module
>> print( Unquoted, call("pwd") );            // current directory
                    /user/andi/CDROM/demo/CALL

>> call( "bc", "25+17\n" ); text2expr(%)-29;  // call a math program
                              "42"
                               13
>> call( "sort", "bbb\naaa\nccc" );           // sort lines of words
                          "aaa\nbbb\nccc"
```

The output of call may be processed further by any MuPAD function, e.g. by text2expr to convert it to a MuPAD expression. The complete source code is:

```
1    ///////////////////////////////////////////////////////////////////////
2    // MODULE: call.C -- Simple interprocess process communication
3    // AUTHOR: Andreas Sorgatz (andi@uni-paderborn.de)
4    // DATE  : 24.Mar.1998
5    // TESTED: MuPAD 1.3, 1.4.0, Unix operating systems
6    ///////////////////////////////////////////////////////////////////////
7    MTcell callit( char* prog, char* input=NULL )
8    { FILE    *fd;
9      char      cmd[1024+1] = "\0";
10     char      fil[64]     = "\0";
11
12     if( input ) {
13       sprintf( fil, "/tmp/.callit%ld", getpid() );
14       if( (fd=fopen(fil,"w")) == NULL ) MFerror( "Cannot write to /tmp" );
15       fprintf( fd, "%s", input ); fclose( fd );
16       sprintf( cmd, "cat %s | ", fil );
17     }
18     strcat( cmd, prog );
19     if( (fd=popen(cmd,"r")) == NULL ) {
20       unlink( fil ); MFerror( "Cannot launch program" );
21     }
22     MTcell string    = MFstring("");
23     char   buf[1024+1] = "\0";
24     for( int bytes; (bytes=fread(buf,1,1024,fd))>0; ) {
25       bytes--;  buf[bytes] = '\0';
26       string = MFcall( "_concat", 2, string, MFstring(buf) );
27     }
28     pclose( fd ); unlink( fil );
29     return( string );
30   }
31   ///////////////////////////////////////////////////////////////////////
32   MFUNC( new, MCnop )
33   { MFnargsCheckRange(1,2);
34     MFargCheck(1,DOM_STRING);
35     if( MVnargs==2 ) {
36       MFargCheck(2,DOM_STRING);
37       MFreturn( callit( MFstring(MFarg(1)), MFstring(MFarg(2)) ) );
38     } else
39       MFreturn( callit( MFstring(MFarg(1)) ) );
40   } MFEND
```

Refer to the directory demo/CALL/ on the CD-ROM for more information.

10.1.4 Calling UNIX Programs via Pipes

This example demonstrates a module pipe which provides a set of functions to launch UNIX programs and to establish a text based communication via UNIX pipes with them. This is useful to interact with special purpose tools available as independent standalone programs.

In contrast to the module call, described in the previous section, here, the UNIX program can be started once and an arbitrary number of send/receive transaction can be carried out then.

```
>> module(pipe):                         // load the module
>> p:=pipe::open("bc");                  // call math program
                      [13939, 5, 6]
>> pipe::put(p,"25+16\n"):               // send a job
>> if( pipe::timeout(p,5) ) then "slave died"   // wait for an answer
&> else pipe::data(p) end_if;            // number characters?
                           3
>> text2expr(pipe::get(p)) + 1;          // get answer, use it
                          42
>> pipe::close(p):                       // close the slave
```

The output of pipe::get may be processed further by any **MuPAD** function,
e.g. text2expr to convert it into an expression. The complete source code is:

```
1   ////////////////////////////////////////////////////////////////////////////////
2   // MODULE: pipe -- A simple implementation of a MuPAD-slave communication
3   // AUTHOR: Andreas Sorgatz (andi@uni-paderborn.de)
4   // DATE  : 20.Apr.1998
5   ////////////////////////////////////////////////////////////////////////////////
6   #if defined SOLARIS
7   #   include <sys/filio.h>
8   #endif
9   #include <sys/wait.h>
10  #include <sys/ioctl.h>
11  #include <fcntl.h>
12  #define PIPE_READ      0
13  #define PIPE_WRITE     1
14  #define PIPE_BUFLEN  5001
15
16  // Initializes file descriptors ///////////////////////////////////////////////
17  static int my_set_fl( int fd, int flags )
18  { int  val;
19    if( (val=fcntl(fd, F_GETFL, 0  )) < 0 ) return( -1 ); val |= flags;
20    if( (val=fcntl(fd, F_SETFL, val)) < 0 ) return( -1 ); return( 0 );
21  }
22  // Check and and read-out MuPAD pipe handles ///////////////////////////////////
23  static void get_des ( MTcell des, long *s_pid, int *s_in, int *s_out )
24  { MTcell  val;
25    if( !MFisList(des) || MFnops(des) != 3 ) MFerror("Bad pipe descriptor");
26    if( !MFisInt(val=MFgetList(&des,0)) ) MFerror("Bad pipe descriptor");
27    *s_pid = MFlong( val );                     // process-id of slave process
28    if( !MFisInt(val=MFgetList(&des,1)) ) MFerror("Bad pipe descriptor");
29    *s_in = (int) MFlong( val );                // handle of the slave's stdin
30    if( !MFisInt(val=MFgetList(&des,2)) ) MFerror("Bad pipe descriptor");
31    *s_out = (int) MFlong( val );               // handle of the slave's stdout
32  }
33  ////////////////////////////////////////////////////////////////////////////////
34  // FUNCTION: close( sdesc : DOM_LIST ) : DOM_NULL
35  // Terminates the slave and closes the pipe. Subprocesses of the slave cannot
36  // be terminated by MuPAD!
37  ////////////////////////////////////////////////////////////////////////////////
38  MFUNC( close, MCnop )
39  { long  s_pid;
40    int   s_in, s_out, status;
41    MFnargsCheck( 1 ); get_des( MFarg(1), &s_pid, &s_in, &s_out );
42    kill ( s_pid, SIGTERM ); sleep(1); wait( &status );
43    close( s_in  ); close( s_out );
44    MFreturn( MFcopy(MVnull) )
45  } MFEND
```

```
46   /////////////////////////////////////////////////////////////////////////
47   // FUNCTION: data ( sdesc : DOM_LIST ) : DOM_INT
48   // Returns the number of characters, send by the slave 'sdesc'.
49   /////////////////////////////////////////////////////////////////////////
50   MFUNC( data, MCnop )
51   { long  s_pid;
52     int   s_in, s_out, bytes;
53     MFnargsCheck( 1 );
54     get_des( MFarg(1), &s_pid, &s_in, &s_out );
55   #if defined __linux__
56     if( ioctl(s_out,FIONREAD,&bytes)!=0 ) MFerror("Can't determine pipe status");
57     MFreturn( MFlong(bytes) )
58   #else
59     struct stat  sbuf;
60     if( fstat(s_out,&sbuf)!=0 ) MFerror("Can't determine pipe status");
61     MFreturn( MFlong((long) sbuf.st_size) )
62   #endif
63   } MFEND
64   /////////////////////////////////////////////////////////////////////////
65   // FUNCTION: get( slave : DOM_LIST [, num : DOM_INT] ) : DOM_STRING
66   // Read all (or 'num') characters from the 'slave' output stream. This is a
67   // non-blocking read, which may return the empty string "".
68   /////////////////////////////////////////////////////////////////////////
69   MFUNC( get, MCnop )
70   { char  buf[PIPE_BUFLEN] = "\0";
71     long  s_pid, get, num;
72     int   s_out, s_in;
73     MFnargsCheckRange( 1, 2 );
74     if( MVnargs == 2 ) {
75         MFargCheck( 2, DOM_INT );
76         if( (get=MFlong(MFarg(2)))<0L ) MFreturn( MFcopy(MVfail) );
77     } else get = PIPE_BUFLEN-1;
78     MFargCheck( 1, DOM_LIST );
79     get_des( MFarg(1), &s_pid, &s_in, &s_out );
80     num = read( s_out, buf, (int)get );
81     if( num == -1 ) MFerror( "Can't read from pipe" );
82     if( num > 0 ) buf[num] = '\0';
83     MFreturn( MFstring(buf) );
84   } MFEND
85   /////////////////////////////////////////////////////////////////////////
86   // FUNCTION: put( sdesc : DOM_LIST, string : DOM_STRING ) : DOM_INT
87   // Sends 'string' to the slave 'sdesc'. The functions returns the number of
88   // succesfully sent characters.
89   /////////////////////////////////////////////////////////////////////////
90   MFUNC( put, MCnop )
91   { long  s_pid, num;
92     int   s_in, s_out;
93     MFnargsCheck( 2 );
94     MFargCheck( 1, DOM_LIST  );
95     get_des( MFarg(1), &s_pid, &s_in, &s_out );
96     MFargCheck( 2, DOM_STRING );
97     char *strg = MFstring( MFarg(2) );
98     num = write( s_in, strg, strlen(strg) );
99     if( num == -1 ) MFerror( "Can't write to pipe" );
100    MFreturn( MFlong(num) )
101  } MFEND
102  /////////////////////////////////////////////////////////////////////////
103  // FUNCTION: open( slave : DOM_STRING ) : DOM_LIST
104  // 'slave' is a UNIX shell command/program. It is lauched and its stdin, stdout
105  // and stderr stream is redirected.  The functions returns a pipe descriptor of
106  // the form:   [ process-id, slave-input-stream, slave-output-stream ]
107  /////////////////////////////////////////////////////////////////////////
108  MFUNC( open, MCnop )
109  { char    *strg, buf[512];
110    int      s_pid, s_in[2], s_out[2];
111    MTcell   list;
```

```
112     MFnargsCheck( 1 ); MFargCheck( 1, DOM_STRING ); strg = MFstring( MFarg(1) );
113     if( pipe( s_in ) != 0 ) MFerror( "Can't open pipe" );
114     if( pipe( s_out) != 0 ) {
115         close( s_in[PIPE_READ ] );
116         close( s_in[PIPE_WRITE] );
117         MFerror( "Can't open pipe" );
118     }
119     if( (s_pid = fork()) == 0 ) {                          // executed by slave
120         close( s_in [PIPE_WRITE] );
121         close( s_out[PIPE_READ ] );
122         close( 0 );                                       // slave's stdin
123         if( dup2(s_in [PIPE_READ ],0) == -1 )   _exit( 1 );
124         close( s_in [PIPE_READ ] );
125         close( 1 );                                       // slave's stdout
126         if( dup2(s_out[PIPE_WRITE],1) == -1 ) _exit( 1 );
127         close( 2 );                                       // slave's stderr
128         if( dup2(s_out[PIPE_WRITE],2) == -1 ) _exit( 1 );
129         close( s_out[PIPE_WRITE] );
130         sprintf( buf, "exec %s", strg );
131         execl( "/bin/sh", "/bin/sh", "-ec", buf, NULL );   // launch program
132         _exit( 1 );
133     }
134     // Initialize the MuPAD kernel for pipe communication //////////////////////
135     if( s_pid == -1 ) {
136         close( s_in [PIPE_READ] );  close( s_in [PIPE_WRITE] );
137         close( s_out[PIPE_READ] );  close( s_out[PIPE_WRITE] );
138         MFerror( "Can't fork process" );
139     }
140     close( s_in [PIPE_READ ] );
141     close( s_out[PIPE_WRITE] );
142     if( my_set_fl(s_out[PIPE_READ],O_NONBLOCK) < 0 ) { ; } // ignore
143     // Create and return pipe descriptor ///////////////////////////////////////
144     list = MFnewList( 3 );
145     MFsetList( &list, 0, MFlong(s_pid) );
146     MFsetList( &list, 1, MFlong(s_in [PIPE_WRITE]) );
147     MFsetList( &list, 2, MFlong(s_out[PIPE_READ ]) );
148     MFsig( list );
149     MFreturn( list );
150 } MFEND
151 ////////////////////////////////////////////////////////////////////////////////
152 // FUNCTION: timeout ( sdesc : DOM_LIST, sec : DOM_INT ) : DOM_INT
153 // The function waits up to 'sec' seconds for an answer of the slave 'sdesc'.
154 // If there are any data, then the function returns FALSE else TRUE.
155 ////////////////////////////////////////////////////////////////////////////////
156 MFUNC( timeout, MCnop )
157 { long          s_pid, sec;
158   int           s_in, s_out, bytes, data;
159   unsigned long t1, t2;
160
161     MFnargsCheck( 2 );
162     MFargCheck( 1, DOM_LIST ); get_des( MFarg(1), &s_pid, &s_in, &s_out );
163     MFargCheck( 2, DOM_INT  ); sec = MFlong( MFarg(2) );
164     if( sec < 0L || sec > 3600L ) MFerror( "Seconds must be in [0..3600]" );
165
166     for( data = 0, t1 = t2 = time(NULL); (t2-t1) < sec; t2 = time(NULL) ) {
167 #if defined __linux__
168         if(ioctl(s_out,FIONREAD,&bytes)!=0) MFerror("Can't determine pipe status");
169         if( (data = bytes) ) break;
170 #else
171         struct stat     sbuf;
172         if(fstat(s_out,&sbuf)!=0) MFerror("Can't determine pipe status");
173         if( (data = sbuf.st_size) ) break;
174 #endif
175     }
176     MFreturn( MFbool(data<=0) );
177 } MFEND
```

The next example demonstrates the simple library package `maple.mu` which is based on the dynamic module `pipe` and enables MuPAD users to launch the computer algebra system *Maple*[1] -if this is installed on their local machine- and to intercat with it within a MuPAD session:

```
>> read("maple.mu"):
>> maple::open():
Starting Maple ...
Initializing Maple ...
Ready.
>> maple::put("interface(version);\n"):
>> maple::data();
                                    55
>> maple::get();
        "'TTY Iris, Release 4, SUN SPARC SOLARIS, Nov 25, 1996'\n"

>> maple( int(x^3*sin(x), x) );
                            3                2
        6 x cos(x) - 6 sin(x) - x  cos(x) + 3 x  sin(x)
>>  diff(%,x);
                            3
                           x  sin(x)
>> maple::close():
```

Refer to the directory `demo/PIPE/` on the CD-ROM for more information.

10.1.5   A Simple Internet Access Function

The module `fetch` provides a function `new` which performs a simple telnet client. It can be used to fetch data from Internet information servers, e.g. FTP, World-Wide-Web, etc, as demonstrated below:

```
>> module(fetch):                              // load the module
>> print( Unquoted, fetch("www.mupad.de", 13, "") ); // get local time
                    Tue Mar 24 13:50:50 1998

>> print( Unquoted, fetch("www.mupad.de",80,"GET /news HTTP/1.0\n\n") );
    HTTP/1.1 200 OK
    [...]
    ################################################################
    ## News          05.Feb.1998           distribution@mupad.de ##
    ################################################################
    Current Release:  1.4.0  - http://www.mupad.de/release.shtml
    More News+Infos:  http://www.mupad.de
```

---

[1] Maple is is a registered trademark of Waterloo Maple Inc.

This module may also be used to interact with mathematical internet databases, e.g. like Tilu [10] as proposed by Richard Fateman. Also refer to [53].

The output of fetch may be processed further by use of the **string** library package or any other **MuPAD** function. The complete module source code consists of only about 60 lines of C/C++ code:

```
 1   //////////////////////////////////////////////////////////////////////////
 2   // MODULE: fetch.C -- A simple Internet access function for MuPAD
 3   // AUTHOR: Andreas Sorgatz (andi@uni-paderborn.de)
 4   // DATE   : 24.Mar.1998
 5   //////////////////////////////////////////////////////////////////////////
 6   MMG( solaris: loption = "-lnsl -lsocket" )
 7
 8   #include <sys/socket.h>
 9   #include <netdb.h>
10   #include <netinet/in.h>
11   #if defined SYSV
12   #  define bcopy(x,y,n)   memcpy(y,x,n)
13   #  define bzero(x,y)     memset(x,0,y)
14   #endif
15
16   //////////////////////////////////////////////////////////////////////////
17   MTcell fetchit( char* host, u_short port, char* query )
18   { // Get hostentry and initialize it /////////////////////////////////////
19       struct hostent    *hen;
20       struct sockaddr_in  sai;
21       if( !(hen=gethostbyname(host)) ) MFerror( "Unknown host" );
22       bzero( (char*)&sai, sizeof(sai) );
23       bcopy( hen->h_addr, (char *) &sai.sin_addr, hen->h_length );
24       sai.sin_family = hen->h_addrtype;
25       sai.sin_port   = htons( (u_short) port );
26
27       // Open socket and connect to remote system /////////////////////////
28       int socketfd;
29       if( (socketfd=socket(hen->h_addrtype, SOCK_STREAM, 0)) < 0 )
30           MFerror( "Can't open local socket" );
31       if( connect(socketfd, (struct sockaddr *) &sai, sizeof(sai)) < 0 ) {
32           close( socketfd ); MFerror( "Can't connect to host/port" );    }
33
34       // Send query string ////////////////////////////////////////////////
35       if( *query && (write(socketfd, query, strlen(query)) < 1) ) {
36           close( socketfd ); MFerror( "Can't send query" );            }
37
38       // Read until error or end of file //////////////////////////////////
39       MTcell string = MFstring("");
40       char buffer[1024+1] = "\0";
41       for( int bytes; (bytes=read(socketfd,buffer,1024))>0; ) {
42           buffer[bytes] = '\0';
43           string = MFcall( "_concat", 2, string, MFstring(buffer) );
44       }
45       close( socketfd );
46       return( string );
47   }
48   //////////////////////////////////////////////////////////////////////////
49   MFUNC( new, MCnop )
50   { MFnargsCheck( 3 );
51     MFargCheck(1,DOM_STRING); MFargCheck(2,DOM_INT); MFargCheck(3,DOM_STRING);
52     MFreturn( fetchit(
53     MFstring(MFarg(1)), (u_short) MFlong(MFarg(2)), MFstring(MFarg(3))
54     ) );
55   } MFEND
```

Refer to the directory **demo/FETCH/** on the CD-ROM for more information.

10.1.6   Plotting Dragon Curves

The module **dragon** is just a game to play. It allows to create large dragon curves in the form of polygons, which can be displayed by the MuPAD graphics tool **vcam**. A dragon curve is defined as follows:

Let n be a positive integer. A dragon curve D_n is a sequence of elements $0, 1$ with: $D_0 := 1$ and $D_n := D_{n-1}1\overline{D_{n-1}}^R$. Ergo $D_1 = 110$, $D_2 = 1101100$ and so on. Exponential time and memory is needed to create a dragon curve.

To display a dragon, with a pen and with constant speed draw a straight line on a piece of paper, while interpreting the dragon sequence. Reading the value 1, turn right (-90 degree) and reading the value 0, turn left (90 degree). You will get a nice fractal image.

The dynamic module **dragon** can be used as demonstrated below:

```
>> module(dragon):
>> dragon(0);
        polygon(point(0, 0, 0), point(0, 0, 1), point(1, 0, 1))

>> plot3d( [Mode=List, [dragon(2)]] ):
>> plot3d( [Mode=List, [dragon(4)]] ):
>> plot3d( [Mode=List, [dragon(6)]] ):
>> plot3d( [Mode=List, [dragon(12)]] ):
```

The example above produces fractal images similar to the following ones:

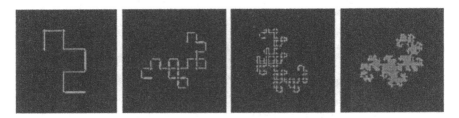

Figure 10.1: The Dragon Curves D_2, D_4, D_6 and D_{12}

The source code of the **dragon** module gives an example for using the MAPI routine **MFcmalloc**. This module uses undocumented MuPAD kernel features. Also refer to appendix B.3.

```
1   ////////////////////////////////////////////////////////////////////////
2   // FILE  : dragon.C - Dragon Curves
3   // AUTHOR: Andreas Sorgatz (andi@uni-paderborn.de)
4   // DATE  : 21.Feb.1997
5   // TESTED: MuPAD 1.4.0, Linx 2.0, Solaris 2.5
6   ////////////////////////////////////////////////////////////////////////
7   enum { NORTH, EAST, SOUTH, WEST };   // Directions to move the writing pen
```

```
 8   ////////////////////////////////////////////////////////////////////////////
 9   MFUNC( new, MCnop )                          // Declare the function 'new'
10   { MFnargsCheck(1);                           // One arguments is expected
11     MFargCheck(1,DOM_INT);                     // this must be an integer
12     MTcell arg1  = MFarg(1);                   // The first parameter
13     MTcell Int31 = MFlong(31);                 // Create DOM_INT(31)
14     if( MFlt(arg1,MVzero) || MFgt(arg1,Int31) )
15         MFerror( "Integer out of range [0..31]" );
16     MFfree(Int31);                             // It is not longer needed
17     long  iter  = MFlong(arg1);                // Convert into a C long
18     long  size  = (2L << iter)-1L;             // Size of dragon
19     char* dragon = (char*)MFcmalloc(size);     // Create a byte vector
20     dragon[0] = 1;                             // Create the dragon
21     for( long len = 1; iter--; len = 2*len+1 ) {
22       dragon[len] = 1;
23       for( long i = 1; i <= len; i++ ) dragon[len+i] = ( dragon[len-i] ? 0:1 );
24     }
25     long     posx = 0, posy = 0;
26     MTcell   tmp1, tmp2;
27     MTcell   pol = MFnewPolygon(size+2);       // Create an empty polygon
28     MTcell*  pnt = MFopAdr(pol,0);             // Reference to 1th point
29     *pnt++ = MFnewPoint(tmp1=MFlong(posx), MVzero, tmp2=MFlong( posy));
30     MFfree(tmp1); MFfree(tmp2);
31     *pnt++ = MFnewPoint(tmp1=MFlong(posx), MVzero, tmp2=MFlong(++posy));
32     MFfree(tmp1); MFfree(tmp2);
33     for( int i=0, go=NORTH; i < size; i++ ) {  // Check where to go next
34       switch( go ) {
35         case NORTH: if( dragon[i] ) posx++; else posx--; break;
36         case EAST : if( dragon[i] ) posy--; else posy++; break;
37         case SOUTH: if( dragon[i] ) posx--; else posx++; break;
38         case WEST : if( dragon[i] ) posy++; else posy--; break;
39         default   : MFerror( "Fatal error" );
40       }
41       go = (go + (dragon[i] ? 1:3)) % 4;
42       *pnt++ = MFnewPoint(tmp1=MFlong(posx), MVzero, tmp2=MFlong(posy));
43       MFfree(tmp1); MFfree(tmp2);
44     }
45     MFcfree( dragon );                         // Free the byte vector
46     MFsig(pol);                                // Create a new signature
47     MFreturn(pol);                             // Return the polygon
48   } MFEND
```

Refer to the directory demo/DRAGON/ on the CD-ROM for more information.

10.1.7 Automatic Debugging of Modules

Writing C/C++ programs as well as dynamic modules, it is often necessary to use a source level debugger to find and correct errors. Section 8.7 gives general information about debugging dynamic modules in MuPAD.

This section describes the module gdb which provides an interface to the GNU debugger xxdbg. If the kernel or a module function produces a fatal error, the debugger is called instead of quitting the kernel. This enables kernel as well as module programmers to get detailed information about the current problem.

To debug a module, change into the directory in which the source code as well as the module binary is located. Start MuPAD and load the debugger module. Then execute the command which crashes the kernel. The following message will be displayed when the fatal error occurs

```
>> module(gdb):
Debugger interface is active. Debugger: 'xxgdb', Process: 14938
>> module(demo):
>> demo::buggyfunc();
#########################################################
# PRESS ANY KEY TO CONTINUE AFTER QUITING THE DEBUGGER! #
# OR PRESS Ctrl-Z TO SUSPEND THE CURRENT MuPAD PROCESS. #
#########################################################
```

and the debugger is started automatically. It can be used as usual. After quitting it, change to the MuPAD session window and either press the RETURN key to try to continue the current MuPAD session or press CTRL-Z to suspend and then kill the MuPAD kernel. The MuPAD session window displays the following message when the session is going on:

```
>> module(gdb):
Debugger interface is active. Debugger: 'xxgdb', Process: 14938
>> module(demo):
>> demo::buggyfunc();
#########################################################
# PRESS ANY KEY TO CONTINUE AFTER QUITING THE DEBUGGER! #
# OR PRESS Ctrl-Z TO SUSPEND THE CURRENT MuPAD PROCESS. #
#########################################################
#########################################################
# YOUR BACK TO THE MuPAD SESSION.                       #
#########################################################
```

Note: After the kernel or a module function ran into a fatal error, it may not be possible to continue the current MuPAD session.

Note: Unfortunately, on some systems, the debugger may not display the source file as well as the debug information instantly. If this happens, carry out the following actions to get it run:

1. Execute the debugger command CONT (continue) and

2. change to the MuPAD session window. Type RETURN.

3. Go back to the debugger and start debugging.

Note: Using xmupad the message *YOUR BACK TO THE MuPAD SESSION* may not be displayed. Just press the INTERRUPT button of the MuPAD session window to first interrupt and then continue the current session.

The module also enables the user to exchange the debugger (**gdb::path**), to inactivate it (**gdb::active**), to call it implicitly (**gdb::new**) and more.

The complete source code of the module **gdb** is listed below. An important aspect of this module is the fact that it contains an interrupt handler. Thus it must be declared as a static module (refer to section 4.7.1.2). Furthermore, because the module interferes deep into the **MuPAD** kernel, it uses some undocumented kernel features. The routine **setIntrHandler** describes which UNIX signals are caught by the module **dbg**.

```
1    /////////////////////////////////////////////////////////////////////////////
2    // MODULE: gdb -- MuPAD Module for interactive debugging
3    // AUTHOR: Andreas Sorgatz (andi@mupad.de)
4    // DATE  : 27. Mar. 1998
5    /////////////////////////////////////////////////////////////////////////////
6    MMG( attribute = "static" ) // because the module contains an interrupt handler
7
8    static char  procid[32]  = "\0" ;
9    static char  mupnam[256] = "mupad" ;
10   static char  debnam[256] = "xxgdb" ;
11   static char* args[4]     = { debnam, mupnam, procid, NULL };
12   static volatile long  calldeb = 1;
13   static volatile long  loop    = 0;
14
15   void MUP_catch_system_error( VOID ) ;        // undocumented kernel routine
16
17   /////////////////////////////////////////////////////////////////////////////
18   void setIntrHandler( void* handler )
19   { MUP_setsig( SIGILL , handler ); MUP_setsig( SIGFPE , handler );
20     MUP_setsig( SIGBUS , handler ); MUP_setsig( SIGSEGV, handler );
21     MUP_setsig( SIGPIPE, handler ); MUP_setsig( SIGPIPE, handler );
22   #ifdef SOLARIS
23     MUP_setsig( SIGSYS , handler );
24   #endif
25   }
26
27   /////////////////////////////////////////////////////////////////////////////
28   void dbgCall( void )
29   { int pid;                                   // to store process id
30     MFputs( "\nStarting debugger..." );
31     if( (pid=fork()) == 0 ) {                  // father process
32        osStopraw();                            // resets the terminal
33        execvp(args[0], args);                  // overlays with debugger
34        MFputs( "Can't start the debugger." );  // exec failed
35        MUP_catch_system_error();
36     } else if( pid == -1 ) {                    // fork failed
37        MFputs( "Can't fork the MuPAD kernel process." );
38        MUP_catch_system_error();
39     } else {
40        MFputs("####################################################");
41        MFputs("# PRESS ANY KEY TO CONTINUE AFTER QUITING THE DEBUGGER! #");
42        MFputs("# OR PRESS Ctrl-Z TO SUSPEND THE CURRENT MuPAD PROCESS. #");
43        MFputs("####################################################");
44        if( loop==1 ) { while(1){}; }
45        else { osGetch();                        // child waits for any key
46             osStartraw();                       // and resets the terminal
47        }
48        MFputs("####################################################");
49        MFputs("# YOUR BACK TO THE MuPAD SESSION.                #");
50        MFputs("####################################################");
51     }
52   }
53
```

```
54   ////////////////////////////////////////////////////////////////////////
55   void dbgIntrHandler( void )
56   { setIntrHandler( dbgIntrHandler );                   // install intr. handler
57     if( !calldeb ) MUP_catch_system_error();
58     dbgCall();
59   }
60
61   ////////////////////////////////////////////////////////////////////////
62   MFUNC( initmod, MCnop )
63   { setIntrHandler( dbgIntrHandler );                   // install interrupt handler
64     sprintf( procid, "%ld", getpid() );                // insert process-id
65     sprintf( mupnam, "%s" , MUT_PROG_NAME );            // fullname of mupad binary
66     MFprintf( "Debugger interface is active. Debugger: '%s', Process: %ld\n",
67               debnam, getpid() );
68     MFreturn( MFcopy(MVnull) );
69   } MFEND
70
71   ////////////////////////////////////////////////////////////////////////
72   MFUNC( new, MCnop )
73   { MFnargsCheck(0); dbgCall();
74     MFreturn( MFcopy(MVnull) );
75   } MFEND
76
77   ////////////////////////////////////////////////////////////////////////
78   MFUNC( path, MCnop )
79   { MFnargsCheckRange( 0, 1 );
80     MTcell nam = MFstring( debnam );
81     if( MVnargs==1 ) {
82         MFargCheck( 1, DOM_STRING );
83         strcpy( debnam, MFstring(MFarg(1)) );
84     }
85     MFreturn( nam );
86   } MFEND
87
88   ////////////////////////////////////////////////////////////////////////
89   MFUNC( pid, MCnop )
90   { MFnargsCheck(0);
91     MFreturn( MFlong(getpid()) );
92   } MFEND
93
94   ////////////////////////////////////////////////////////////////////////
95   MFUNC( active, MCnop )
96   { MFnargsCheckRange(0,1);
97     MTcell val = MFbool( calldeb );
98     if( MVnargs==1 ) {
99         MFargCheck(1,DOM_BOOL);
100        if ( MFisUnknown(MFarg(1)) ) MFerror( "Invalid argument" );
101        calldeb = MFbool( MFarg(1) );
102    }
103    MFreturn( val );
104  } MFEND
105
106  ////////////////////////////////////////////////////////////////////////
107  MFUNC( noreturn, MCnop )
108  { MFnargsCheckRange( 0, 1 );
109    MTcell val = MFbool( loop );
110    if( MVnargs==1 ) {
111        MFargCheck( 1, DOM_BOOL );
112        if ( MFisUnknown(MFarg(1)) ) MFerror( "Invalid argument" );
113        loop = MFbool( MFarg(1) );
114    }
115    MFreturn( val );
116  } MFEND
```

Refer to the directory **demo/GDB/** on the CD-ROM for additional information.

10.2 User-defined Data Types

This section demonstrates how user-defined data types can be implemented via dynamic modules by use of so-called **MuPAD** domains (see section 6.7.10). Refer to section 7.4 for additional information.

10.2.1 Implementation of a Stack

The module **stack** shows the implementation of the abstract data type stack. It provides a function **new** to create a stack, **push** to put an element on top of the stack and **pop** for taking the top element from the stack. It can be used as follows. Note the reference effect between **s** and **ss**.

```
>> module(stack):                              // load the module
>> s:=stack();                                 // create a new stack
                              Stack([])         // the empty stack
>> stack::push(s,a): stack::push(s,b): stack::push(s,c):
>> ss:=s;                                       // create a reference
                           Stack([a, b, c])
>> stack::pop(s), ss;                           // reference effect
                           c, Stack([a, b])
>> stack::pop(ss), s;                           // reference effect
                           b, Stack([a])
>> stack::pop(s);
                                  a
>> stack::pop(s);
Error: Stack is empty [stack::pop]
>> s.First: s.Second;                           // shortcut (_concat)
                        Stack([First, Second])
```

The source code below contains two special features. The first is the function **print** which is responsible for formatting a stack before it is displayed. It is called automatically by the **MuPAD** kernel if it is needed and defined by the user. The second feature is the module procedure (see section 5.1.3) **_concat** which allows to use the concatenation operator '.' to push an element on the stack. This concept is called *function overloading* for user-defined data types and is described in section 2.3.19.2 of the *MuPAD User's Manual* [50]. Refer to section 3.3 for additional information about overloadable domain methods.

```
1  ////////////////////////////////////////////////////////////////////////////
2  // MODULE: stack -- A trivial implementation of a stack
3  // AUTHOR: Andreas Sorgatz (andi@mupad.de)
4  // DATE  : 18. Mar. 1998
5  ////////////////////////////////////////////////////////////////////////////
6  #define CHECK(n) if(!MFisExt(MFarg(n),MVdomain)) MFerror("Invalid argument")
7
```

```
 8   ////////////////////////////////////////////////////////////////////////////
 9   MPROC( _concat = "hold(stack::push)" );              // a shortcut
10
11   ////////////////////////////////////////////////////////////////////////////
12   MFUNC( new, MCnop )                                  // create a new stack
13   { MFnargsCheck( 0 );
14     MTcell   stack = MFnewExt( MFcopy(MVdomain), 1 );  // as a domain element
15     MFsetExt ( &stack, 1, MFnewList(0) );              // with an empty list
16     MFsig( stack );                                    // compute signature!
17     MFreturn( stack );
18   } MFEND
19
20   ////////////////////////////////////////////////////////////////////////////
21   MFUNC( print, MCnop )                                // display a stack
22   { MFnargsCheck( 1 ); CHECK(1);
23     MTcell   stack = MFarg( 1 );                       // get stack parameter
24     MTcell   cont  = MFgetExt( &stack, 1 );            // cont of the stack
25     MFreturn( MFnewExpr(2,MFident("Stack"),MFcopy(cont)) );
26   } MFEND
27
28   ////////////////////////////////////////////////////////////////////////////
29   MFUNC( push, MCnop )                                 // push element on top
30   { MFnargsCheck( 2 ); CHECK(1);
31     MTcell   stack = MFarg( 1 );                       // get stack parameter
32     MTcell   cont  = MFgetExt( &stack, 1 );            // content of the stack
33     MTcell   elem  = MFcopy( MFarg(2) );               // get element parameter
34     MFnopsList( &cont, MFnops(cont)+1 );               // increment size of list
35     MFsetList( &cont, MFnops(cont)-1, elem );          // insert new element
36     MFsig( cont );                                     // compute signature!
37     MFsetExt( &stack, 1, cont );                       // insert new address
38     MFsig( stack );                                    // compute signature!
39     MFreturn( MFcopy(stack) );                         // return a logical copy
40   } MFEND
41
42   ////////////////////////////////////////////////////////////////////////////
43   MFUNC( pop, MCnop )                                  // pop element from top
44   { MFnargsCheck( 1 ); CHECK(1);
45     MTcell   stack = MFarg( 1 );                       // get stack parameter
46     MTcell   cont  = MFgetExt( &stack, 1 );            // content of the stack
47     long     num   = MFnops(cont);                     // length of content
48     if( num == 0 ) MFerror( "Stack is empty" );
49     MTcell   elem  = MFcopy( MFgetList(&cont,num-1) ); // get copy(!) of top e.
50     MFnopsList( &cont, num-1 );                        // decrement size of list
51     MFsig( cont );                                     // compute signature!
52     MFsetExt( &stack, 1, cont );                       // insert new address
53     MFsig( stack );                                    // compute signature!
54     MFreturn( elem );                                  // return top element
55   } MFEND
```

The method _concat is defined as a module procedure (see line 10 of the source code). Thus, when the module generator is called to create the binary, it also creates the file stack.mdg (see section 7.2) which contains the following data:

```
#****************************************************************#
#* FILE    :  Inline procedures/expressions of a dynamic module *#
#* CREATED: on 18.Mar.98, by module generator mmg Rel-1.4.0    *#
#****************************************************************#
table( "include" = [
"_concat" = hold(stack::push),
null()
] ):
```

Refer to the directory demo/STACK/ on the CD-ROM for additional information.

10.2.2   Using Machine Floating Point Numbers

A second example of a user-defined data structure in MuPAD is the module mfp which defines the domain of machine floating point numbers. It can be used to speed up numerical computations in MuPAD.[2]

Note, that the representation of machine floating point numbers (double) is usually limited to 12-14 valid digits on 32bit architectures. Thus, have a careful look at rounding errors etc. The module can be used as follows:

```
>> module(mfp):                                  // load the module
>> fa:=mfp(1.4):   fb:=mfp(2.0):                 // two mfp numbers
>> fc:=fa+fb*sin(fb);                            // the usual syntax
                       3.218594853
>> ma:=1.4:   mb:=2.0:                           // use 12 digits
>> ma+mb*sin(mb) -expr(fc);                      // compare to PARI
                   0.0000000000000004057518207

>> time((for i from 1 to 1000 do sin(ma) end_for)),
   time((for i from 1 to 1000 do sin(fa) end_for));   // its faster
                    2480, 1130                    // mfp is faster

>> mysin:=mfp::sin:                              // use directly
>> time((for i from 1 to 1000 do   sin(ma) end_for)),
   time((for i from 1 to 1000 do mysin(fa) end_for)); // its fastest
                    2500, 300                     // call it directly
```

One can see, that the Sin function for mfp numbers is much faster, but most of its efficiency gets lost by the MuPAD overload mechanism. The consequence is: to gain significant speedup, avoid to let MuPAD look for an overloaded method but call the corresponding function directly.

Because the 1.4 kernel currently does not provide an internal data structure to integrate user C/C++ data into MuPAD in a proper way, in this example a dirty trick is used: the machine floating point number is stored in the memory block (read section 4.4) of a domain element. The number must be placed behind the information which is already stored in the memory block. Furthermore, one has to note that on some operating systems a sizeof(double) alignment must be used for objects of type double.

```
1   ////////////////////////////////////////////////////////////////////////////////
2   // MODULE: mfp -- MuPAD Module for using machine floating point numbers
3   // AUTHOR: Andreas Sorgatz (andi@mupad.de)
4   // DATE  : 17. Apr. 1997
5   ////////////////////////////////////////////////////////////////////////////////
6
```

[2]The MuPAD kernel 1.4 uses arbitrary precision floating point numbers otherwise.

```
7    ////////////////////////////////////////////////////////////////////////////////
8    static MTcell newMFP( MTcell domain, double cval ) // uses undocumented feature
9    { MTcell  e=MFnewExt(MFcopy(domain),0);
10     MFsize(&e,sizeof(CATEGORY)+2*sizeof(double));
11     long     l=(long)MFmemSet(e,sizeof(CATEGORY));
12     l+= sizeof(double)-l%sizeof(double);
13     *((double*) l)=cval;
14     MFsig(e);
15     return(e);
16   }
17   ////////////////////////////////////////////////////////////////////////////////
18   static double MFP2C( MTcell mval )                // uses undocumented feature
19   { long l=(long)MFmemGet(mval,sizeof(CATEGORY));
20     l+= sizeof(double)-l%sizeof(double);
21     return( *((double*)l) );
22   }
23   ////////////////////////////////////////////////////////////////////////////////
24   #define CHECK(n)                                                              \
25           if( !MFisExt(MFarg(n),MVdomain) ) MFerror( "Invalid argument" )
26   ////////////////////////////////////////////////////////////////////////////////
27   #define FUNC1(fun)                                                            \
28           MFnargsCheck(1); CHECK(1);                                            \
29           MFreturn(newMFP(MVdomain,fun(MFP2C(MFarg(1)))))
30
31   ////////////////////////////////////////////////////////////////////////////////
32   MFUNC( new, MCnop )                              // create new elements
33   { MFnargsCheck(1); MFargCheck(1,DOM_FLOAT);
34     MFreturn( newMFP(MVdomain,MFdouble(MFarg(1))) );
35   } MFEND
36   ////////////////////////////////////////////////////////////////////////////////
37   MFUNC( print, MCnop )                            // display elements
38   { MFnargsCheck(1); CHECK(1);
39     MFreturn( MFdouble(MFP2C(MFarg(1))) );
40   } MFEND
41   ////////////////////////////////////////////////////////////////////////////////
42   MFUNC( _plus, MCnop ) {                          // add elements
43     double  d=0.0; if( MVnargs==0 ) MFreturn( newMFP(MVdomain,d) );
44     for( long i=1; i<=MVnargs; i++ ) { CHECK(i); d = d+MFP2C(MFarg(i)); }
45     MFreturn( newMFP(MVdomain,d) );
46   } MFEND
47   MFUNC( _mult, MCnop ) {                          // multiply elements
48     double  d=1.0; if( MVnargs==0 ) MFreturn( newMFP(MVdomain,d) );
49     for( long i=1; i<=MVnargs; i++ ) { CHECK(i); d = d*MFP2C(MFarg(i)); }
50     MFreturn( newMFP(MVdomain,d) );
51   } MFEND
52   ////////////////////////////////////////////////////////////////////////////////
53   MFUNC( sin, MCnop ) { FUNC1(sin) } MFEND         // the Sin function
54   MPROC( expr = "hold(mfp::print)" )               // convert to DOM_FLOAT
```

Integrating directed roundings from the IEEE 754 standard, this module can be extended to implement a very fast fixed-precision interval arithmetic in MuPAD.

Refer to the directory demo/MFP/ on the CD-ROM for additional information.

10.3 Numerics

Since general purpose computer algebra systems, like MuPAD, emphasize the idea of symbolic computations, they often are weak in numerical calculations.

The concept of dynamic modules gives users a chance to come over this weakness by integrating fast arithmetic routines (e.g. as described mfp in section 10.2.2) or by interfacing special numeric libraries like *IMSL* and *NAGC*.

10.3.1 Using the IMSL Library

The *IMSL*[3] C/C++ library (CNL) is a well known package for numerical calculations. By integrating *IMSL* algorithms into MuPAD one can combine the power of *IMSL* with the strength of MuPAD (symbolic computations) to solve mathematical problems. Furthermore, MuPAD performs a flexible and comfortable interface to your *IMSL* algorithms.

The example below is trivial and is just mentioned to demonstrate the technique to integrate the *IMSL* library in MuPAD. The example shows a module function to solve systems of linear equations:

```
>> module(imsl):
>> imsl::linsolve( 3, [[1,3,3],[1,3,4],[1,4,3]], [1,4,-1] );
Solution, x of Ax = b
        1              2              3
       -2             -2             3
                         [-2.0, -2.0, 3.0]
```

To run this example you need a licensed version of the *IMSL* library. Change the source code lines 11-13 according to your need and set the shared library search path correspondently (see section 8.5.1). On our system, LD_LIBRARY_PATH must be set to: setenv LD_LIBRARY_PATH /mathsoft/ipt/lib/lib.solaris

```
1    ////////////////////////////////////////////////////////////////////////////
2    // MODULE: imsl -- Interfacing the IMSL numeric library
3    // AUTHOR: Andreas Sorgatz (andi@mupad.de)
4    // DATE  : 17. Dec. 1997
5    ////////////////////////////////////////////////////////////////////////////
6    // Depending on the operating system, compiler and linker options must be set
7    MMG( solaris: coption = "-I/mathsoft/ipt/include" )
8    MMG( solaris: loption = "-L/mathsoft/ipt/lib/lib.solaris" )
9    MMG( solaris: loption = "-limslcmath -lm -lnsl -lsocket" )
10   #include <imsl.h>
11
12   ////////////////////////////////////////////////////////////////////////////
13   MFUNC( linsolve, MCnop )                   // solve systems of linear equations
14   { MFnargsCheck(3);                         // Check the input parameter
15     MFargCheck(1,DOM_INT); MFargCheck(2,DOM_LIST); MFargCheck(3,DOM_LIST);
16
17     int     n=MFint(MFarg(1));               // number of row and columns
18     MTcell  mat=MFarg(2), vec=MFarg(3);      // the matrix and the vector
19     float *A = (float*) MFcmalloc(n*n*sizeof(float));   // imsl matrix
20     float *b = (float*) MFcmalloc( n*sizeof(float));    // imsl vector
```

---
[3]Visual Numerics International, http://www.vni.com

```
21
22    int  i, j;                                   // convert the input
23    for( i=0; i < n; i++ )
24      for( j=0; j < n; j++ ) A[i*n+j] = MFfloat( MFop(MFop(mat,i),j) );
25    for( i=0; i < n; i++ )   b[i]    = MFfloat( MFop(vec,i) );
26
27    float *x = imsl_f_lin_sol_gen( n, A, b, 0 );    // solve the system
28    imsl_f_write_matrix( "Solution, x of Ax = b", 1, n, x, 0 );
29    MFcfree(A); MFcfree(b);
30    if( x==NULL ) MFerror( "No solution" );
31
32    MTcell res = MFnewList(n);                   // convert the result
33    for( i=0; i < n; i++ ) MFsetList( &res, i, MFfloat(x[i]) );
34    MFsig( res );
35
36    MFcfree(x);
37    MFreturn( res );                             // return solution
38  } MFEND
```

Refer to the directory demo/IMSL/ on the CD-ROM for additional information.

10.3.2   Using the NAGC Library

The *NAG*[4] library is a widely known package for numerical calculations. First
versions were only available in FORTRAN, but newer ones are also available as C
libraries (NAGC). By integrating *NAGC* algorithms into MuPAD one can com-
bine the power of *NAGC* with the strength of MuPAD (symbolic computations)
to solve mathematical problems. Furthermore, MuPAD performs a flexible and
comfortable interface to your *NAGC* algorithms.

This example demonstrates a module function **random** which interfaces the
NAGC random number generator and a function **roots** which calculates ap-
proximations for all complex roots of a complex polynomial. Using *NAGC* is
facilitated by the header file mnag.h which contains routines for data conversion
between MuPAD and *NAGC*.

```
>> module(nagc):                          // load the module
>> nagc::random( 42, 4 );                 // create lists of
         [0.585542118, 0.1859650411, 0.55882297, 0.1279809965]

>> nagc::random( 17, 2 );                 // random numbers
                   [0.8293408721, 0.9001032522]

>> nagc::roots( poly(2*x^3 +5*x^2 +3) );  // find complex roots


         [-2.705001171 +0.000000000000000005551115123 I,
       0.1025005859 -0.7375784977 I, 0.1025005859 +0.7375784977 I]
```

---

[4]The Numerical Algorithms Group Ltd., http://www.nag.co.uk

To run the example above you need a licensed version of the *NAGC* library.
Change the source code lines 7-13 according to your need.

```
 1    //////////////////////////////////////////////////////////////////////////
 2    // MODULE: nagc -- Interfacing the NAGC numeric library
 3    // AUTHOR: Andreas Sorgatz (andi@mupad.de)
 4    // DATE   : 31. Mar. 1998
 5    //////////////////////////////////////////////////////////////////////////
 6    // Depending on the operating system, compiler and linker options must be set
 7    MMG( solaris: coption = "-I/usr/local/MATH/NAGC/include" )
 8    MMG( solaris: loption = "-L/usr/local/MATH/NAGC -lnagc" )
 9    MMG( solaris: loption = "-lm /usr/lib/libc.so.1" )
10    MMG( solaris: linker  = "ld -G" )
11    MMG( i386:    coption = "-I/wiwianka/user/andi/NAGC/linux/include" )
12    MMG( i386:    loption = "-L/wiwianka/user/andi/NAGC/linux/lib -lnagc" )
13    MMG( i386:    loption = "-lm" )
14
15    #include "mnag.h"                      // a simple MuPAD interface to NAGC
16    extern "C" {                          // NAGC header files
17    #ifdef __linux__
18    #  include <nagg05.h>
19    #  include <nagc02.h>
20    #else
21    #  include <Nag/nagg05.h>
22    #  include <Nag/nagc02.h>
23    #endif
24    }
25    //////////////////////////////////////////////////////////////////////////
26    MFUNC( random, MCnop )                 // random( InitValue, NumOfValue )
27    { Integer i, num;                      // NAG data types
28      MFnargsCheck(2);                     // exactly two arguments are expected
29      MFargCheck(1,DOM_INT);               // range := 0..MFarg(1)
30      MFargCheck(2,DOM_INT);               // number:= MFarg(2) random values
31      num = MNinteger( MFarg(2) );         // converts DOM_INT to Integer
32
33      g05cbc( MNinteger(MFarg(1)) );       // initializes random number generator
34
35      MTcell list = MFnewList(num);        // creates a MuPAD list
36      for( i=0; i < num; i++ )             // fills list with random MuPAD numbers
37        MFsetList( &list, i, MNdouble(g05cac()) );
38      MFsig(list);                         // calculates the signature of the list
39      MFreturn(list);                      // returns the MuPAD list
40    } MFEND
41
42    //////////////////////////////////////////////////////////////////////////
43    MFUNC( roots, MCnop )                               // roots( ComplexPolynomial )
44    { MFnargsCheck(1);
45      MFargCheck(1,DOM_POLY);
46      Integer degree = MFdegPoly( MFarg(1) );
47
48      // Convert the MuPAD polynomial to the NAGC representation and allocate
49      // the vector for the 'degree' complex roots of this polynomial.
50      Complex *poly  = (Complex*) MNcomplexPoly( MFarg(1) );
51      Complex *roots = (Complex*) MFcmalloc( degree*sizeof(Complex) );
52
53      c02afc( degree, poly, TRUE, roots, MNfail() );  // find all complex roots
54
55      MFcfree( poly );                          // free the NAGC polynomial
56      MTcell result = MNcomplexList( roots, degree ); // Convert roots to MuPAD
57      MFcfree( roots );                         // free the NAGC roots
58      MFreturn( result );
59    } MFEND
```

Refer to the directory **demo/NAGC/** on the CD-ROM for additional information.

10.4 Arbitrary Precision Arithmetic

10.4.1 Using the GMP Library

This example demonstrates the integration of algorithms written by use of the
GMP library (see appendix A.1.4). The usage of *GMP* is facilitated by the
header file `mgmp.h` which contains routines for data conversion between the
GMP and *PARI* (used by MuPAD) representation of arbitrary precision integer
numbers. The example module can be used as follows:

```
>> module(gmp):                                    // load the module
>> num:= 1234567890123456789012345678901234567890:
>> gmp::mult( 42, num );                           // multiply with GMP
                    51851851385185185138518518513851851851380
>> % / 42 -num;
                                  0
```

The source code shows how easy it is to use *GMP* within dynamic modules:

```
1    ////////////////////////////////////////////////////////////////////////////
2    // MODULE: gmp -- Interfacing the GNU MP library
3    // AUTHOR: Andreas Sorgatz (andi@mupad.de)
4    // DATE  : 24. Mar. 1998
5    ////////////////////////////////////////////////////////////////////////////
6
7    MMG( solaris: loption = "-Lgmp.solaris -lgmp -lm" ) // the GMP and math library
8    MMG( i386:    loption = "-Lgmp.i386 -lgmp -lm" )    // the GMP and math library
9
10   #include "mgmp.h"                        // a simple MuPAD interface to GMP
11
12   ////////////////////////////////////////////////////////////////////////////
13   MFUNC ( mult, MCnop )
14   { MFnargsCheck(2);
15     if( !MFisInteger(MFarg(1)) || !MFisInteger(MFarg(2)) ) // accept integers
16         MFerror( "Integer expected" );
17
18     mpz_t  gmpInt1, gmpInt2, gmpInt3;        // Declare some GMP numbers
19
20     MGinteger( gmpInt1, MFarg(1) );          // Convert MuPAD integers
21     MGinteger( gmpInt2, MFarg(2) );          // to GMP integer numbers
22
23     mpz_init( gmpInt3 );                     // Initialize a GMP number to
24     mpz_mul ( gmpInt3, gmpInt1, gmpInt2 );   // store gmpInt1 * gmpInt2
25     mpz_clear( gmpInt1 );                    // Free the GMP inter numbers
26     mpz_clear( gmpInt2 );                    // which are not longer needed
27
28     MTcell result = MGinteger( gmpInt3 );    // Convert to a MuPAD integer
29     mpz_clear( gmpInt3 );                    // Free it GMP representation
30     MFreturn( result );                      // return the result to MuPAD
31   } MFEND
```

Refer to the directory `demo/GMP/` on the CD-ROM for additional information.

10.5   Polynomial Computations

This section demonstrates module applications for very efficient computations on polynomials. The special purpose computer algebra system *Singular* is used to accomplish very fast Gröbner basis computations, *Magnum* and *NTL* can be used for factoring polynomials over finite fields and the ring of the integers and last but not least the *GB* and *RealSolving* system enable users to compute large Gröbner basis and find and classify real roots of very huge polynomials.

10.5.1   Polynomial Factorization with MAGNUM

The *Magnum* library (see appendix A.1.5) provides very fast factorization algorithms for univariate polynomials over a residue class ring F_p, with p a prime less than 2^{16}. The example below demonstrates how this can be used within MuPAD to factor a univariate polynomial over F_{65437}.

```
>> module(magnum):
>> P:= poly( x^200 + x + 1, [x], IntMod(65437) ):
>> magnum::irreducible(P);
                            FALSE
>> time( magnum::factor(P) );
                            30470
>> magnum::doc("factor"):
   factor - Factorizes a univariate polynomial over IntMod(p)
   [...]
```

The complete source code of the *Magnum* module interface -including the functions `factor, gcd, irreducible, issqrfree` and `sqrfree`- only contains about 220 lines of C++ code - including comments. Special to this example module is, that the *Magnum* library is implemented by use of templates.

```
 1   /**************************************************************************/
 2   /* MODUL  : magnum.C - Module Interface for Magnum (refer to the README) */
 3   /* AUTHOR : Paul Zimmermann (Paul.Zimmermann@loria.fr)                   */
 4   /*          Andreas Sorgatz (andi@uni-paderborn.de)                      */
 5   /* CHANGED: 24/03/98                                                     */
 6   /* This is the MuPAD interface of the package Magnum. It is written in C++ */
 7   /* and must be compiled  to a dynamic module by using the module generator */
 8   /* mmg. For further information refer to the script 'magnum.sh'.          */
 9   /* Wolfgang Roth's  (roth@math.uni-mannheim.de)  package 'magnum' provides */
10   /* fast factorization algorithms for polynomials over fields  Fp with p is */
11   /* prime.  'magnum.tar.gz' is available via anonymous ftp at:             */
12   /*          ftp://obelix.statistik.uni-mannheim.de/public/magnum          */
13   /**************************************************************************/
14   MMG( solaris: coption = "-Imagnum.solaris/include" )
15   MMG( solaris: loption = "-Lmagnum.solaris/library -lmagnum -lm" )
16   MMG( i386:    coption = "-Imagnum.i386/include" )
17   MMG( i386:    loption = "-Lmagnum.i386/library    -lmagnum -lm" )
```

```
18    #undef  overflow                        // conflicting PARI definement
19    #include "magnum/Prime.H"
20    #include "magnum/FpPolynom.H"
21    #include "magnum/FpPolynom_Set.H"
22
23    ////////////////////////////////////////////////////////////////////////
24    // Conversion routines for polynomials - Magnum <--> MuPAD //////////////
25    ////////////////////////////////////////////////////////////////////////
26
27    ////////////////////////////////////////////////////////////////////////
28    #define CONVERT(arg,magPoly,mupUndets,mupField,prime,expo,mode)         \
29      /* Check if 'arg' is a valid polynomial, convert it into MuPAD list */ \
30      /* representation, collect information for the further conversion. */  \
31      MTcell mupList, mupUndets, mupField;                                  \
32      long   prime, expo;                                                   \
33      if( !mupPolyCheck(arg,mupList,mupUndets,mupField,prime,expo,mode) )    \
34         MFreturn( MFcopy(MVfail) );                                        \
35                                                                            \
36      /* Create a Magnum polynomial with the collected information */       \
37      FpPolynom  magPoly( (Prime) prime );                                  \
38      mupPoly2mag( mupList, prime, magPoly );                               \
39      MFfree( mupList );                                                    \
40
41    ////////////////////////////////////////////////////////////////////////
42    static int mupPolyCheck ( MTcell       mupPoly,      // IN
43                              MTcell      &mupList,      // OUT
44                              MTcell      &mupUndets,    // OUT
45                              MTcell      &mupField,     // OUT
46                              long        &prime,        // OUT
47                              long        &expo,         // OUT
48                              int          ExitOnError=0 // IN
49                            )
50    { int  error = 0;
51      // Check if 'mupPoly' is an univariate polynomial over the finite field
52      // Fp with p is prime and less than 2^16.   Other polynomials cannot be
53      // handled by Magnum.
54      if( !MFisPolynom(mupPoly) ) {
55          if( ExitOnError ) MFerror( "Polynomial expected" );
56          return( 0 );
57      }
58      mupUndets = MFop( mupPoly, 1 );
59      if( MFnops(mupUndets) != 1 ) {
60          if( ExitOnError ) MFerror( "Polynomial must be univariate" );
61          return( 0 );
62      }
63      mupField = MFop( mupPoly, 2 );
64      if( !MFisExpr(mupField,"IntMod") || MFnops(mupField) != 2 ) {
65          if( ExitOnError ) MFerror("Polynomial must be of type 'IntMod(p)'");
66          return( 0 );
67      }
68      MTcell mprime = MFop(mupField,1);
69      if( MFlt(mprime,MVzero) || MFgt(mprime,MFlong(65535)) ) {
70          if( ExitOnError ) MFerror( "IntMod(p), p out of range" );
71          return( 0 );
72      }
73      prime = MFlong( MFop(mupField,1) );
74      expo  = 1;
75      MTcell  result = MFcall( "isprime", 1, MFlong(prime) );
76      if( !MFisTrue(result) ) {
77          MFfree( result );
78          if( ExitOnError ) MFerror( "IntMod(p), p must be prime" );
79          return( 0 );
80      }
81      MFfree( result );
82      // Convert the MuPAD polynomial into its list representation, which is
83      // much easier to analyse to convert it into a Magnum polynomial.
```

```
84      mupList = MFcall( "poly2list", 1, MFcopy(mupPoly) );
85      return( 1 );
86    }
87    /////////////////////////////////////////////////////////////////////////////
88    static int mupPoly2mag ( MTcell      mupList,         // IN
89                             long        prime,           // IN
90                             FpPolynom   &magPoly         // OUT
91                           )
92    { // Convert the list representation of a MuPAD polynomial into a Magnum
93      // polynomial. Use 'prime' for this.
94      MTcell   monom;
95      long     coeff, expo, length = MFnops(mupList);
96      for( int pos = 0; pos < length ; pos++ ) {
97          monom = MFgetList( &mupList, pos );
98          coeff = MFlong( MFgetList(&monom,0) );
99          if( coeff < 0 ) coeff += prime;
100         expo  = MFlong( MFgetList(&monom,1) );
101         magPoly += FpPolynom( magPoly.descriptor, (Fp)coeff, expo );
102     }
103     return( 1 );
104   }
105   /////////////////////////////////////////////////////////////////////////////
106   static MTcell magPoly2mup ( const FpPolynom   &magPoly,         // IN
107                               MTcell            &mupUndets,        // IN
108                               MTcell            &mupField         // IN
109                             )
110   { MTcell  mupList, mupPoly, monom;
111     long    pos = 0;
112     // First create a list representation of the MuPAD polynomial. Then
113     // convert is into a native polynomial by using 'poly'.
114     mupList = MFnewList( magPoly.length() );
115     for( FpPolynom_Iterator x_iter(magPoly); x_iter(); ++x_iter ) {
116         monom = MFnewList( 2 );
117         MFsetList( &monom, 0, MFlong((long)x_iter()->factor) );
118         MFsetList( &monom, 1, MFlong((long)x_iter()->power)  );
119         MFsetList( &mupList, pos++, monom );
120     }
121     return( MFcall("poly",3,mupList,MFcopy(mupUndets),MFcopy(mupField)) );
122   }
123
124   /////////////////////////////////////////////////////////////////////////////
125   static long magPolyListLen ( const FpPolynom_List &magPolyList )
126   { long  n = 0;                     // How many polynomials are in this list?
127     for( FpPolynom_List_Iterator l_iter(magPolyList); l_iter(); ++l_iter )
128         n += l_iter()->set().size();
129     return( n );
130   }
131   /////////////////////////////////////////////////////////////////////////////
132   static MTcell magPolyList2mup ( const FpPolynom_List  &magPolyList,  // IN
133                                   MTcell                &mupUndets,    // IN
134                                   MTcell                &mupField     // IN
135                                 )
136   { FpPolynom_List_Iterator  l_iter( magPolyList );
137     MTcell                   mupList, mupPoly;
138     long                     pos = 1;
139     // Create a MuPAD list with the first element is the integer factor.
140     mupList = MFnewList( magPolyListLen(magPolyList)*2+1 );
141     MFsetList( &mupList, 0, MFlong((long) magPolyList.factor) );
142
143     // Insert pairs (poly,exponent) into the factor list.
144     if( l_iter() ) do {
145       FpPolynom_Set_Iterator  s_iter( l_iter()->set() );
146       if( s_iter() ) do {
147         mupPoly = magPoly2mup( s_iter()->polynom(),mupUndets,mupField );
148         MFsetList( &mupList, pos++, mupPoly );
149         MFsetList( &mupList, pos++, MFlong((long)l_iter()->power) );
```

```
150        } while( (++s_iter)() );
151      } while( (++l_iter)() );
152      MFsig ( mupList );
153      return( mupList );
154    }
155
156    ////////////////////////////////////////////////////////////////////////////
157    // MuPAD interface functions - these are visible in MuPAD //////////////////
158    ////////////////////////////////////////////////////////////////////////////
159
160    ////////////////////////////////////////////////////////////////////////////
161    MFUNC( id, MCnop )
162    { MFnargsCheck(1);
163      CONVERT( MFarg(1), magPoly, mupUndets, mupField, prime, expo, 1 );
164      MFreturn( magPoly2mup( magPoly, mupUndets, mupField ) );
165    } MFEND
166    ////////////////////////////////////////////////////////////////////////////
167    MFUNC( factor, MCnop )
168    { MFnargsCheck(1);
169      CONVERT( MFarg(1), magPoly, mupUndets, mupField, prime, expo, 0 );
170      FpPolynom_List  magPolyList;
171      factorize( magPolyList, magPoly );
172      MTcell tmp = magPolyList2mup( magPolyList, mupUndets, mupField );
173      MFreturn( tmp );
174    } MFEND
175    ////////////////////////////////////////////////////////////////////////////
176    MFUNC( gcd, MCnop )
177    { if( MVnargs == 0 ) MFreturn( MFcopy(MVzero) );
178      if( MVnargs == 1 ) MFreturn( MFcopy(MFarg(1)) );
179      CONVERT( MFarg(1), magPoly, mupUndets, mupField, prime, expo, 0 );
180      for( long i = 2; i <= MVnargs; i++ ) {
181        CONVERT( MFarg(i), magPoly2, mupUndets2,mupField2,prime2,expo2, 0 );
182        if( prime != prime2 || !MFequal(mupUndets,mupUndets2) )
183            MFreturn( MFcopy(MVfail) );
184        if( magPoly == magPoly2 ) continue;
185        magPoly = gcd( magPoly, magPoly2 );
186      }
187      MFreturn( magPoly2mup( magPoly, mupUndets, mupField ) );
188    } MFEND
189    ////////////////////////////////////////////////////////////////////////////
190    MFUNC( irreducible, MCnop )
191    { MFnargsCheck(1);
192      CONVERT( MFarg(1), magPoly, mupUndets, mupField, prime, expo, 0 );
193      if( magPoly.is_irreducible() ) { MFreturn( MFcopy(MVtrue ) ); }
194      else                          { MFreturn( MFcopy(MVfalse) ); }
195    } MFEND
196    ////////////////////////////////////////////////////////////////////////////
197    MFUNC( issqrfree, MCnop )
198    { MFnargsCheck(1);
199      CONVERT( MFarg(1), magPoly, mupUndets, mupField, prime, expo, 0 );
200      if( magPoly.is_squarefree() ) { MFreturn( MFcopy(MVtrue ) ); }
201      else                          { MFreturn( MFcopy(MVfalse) ); }
202    } MFEND
203    ////////////////////////////////////////////////////////////////////////////
204    MFUNC( sqrfree, MCnop )
205    { MFnargsCheck(1);
206      CONVERT( MFarg(1), magPoly, mupUndets, mupField, prime, expo, 0 );
207      FpPolynom_List  magPolyList;
208      squarefree( magPolyList, magPoly );
209      MFreturn( magPolyList2mup( magPolyList, mupUndets, mupField ) );
210    } MFEND
```

This module was developed in cooperation with Paul Zimmermann, Inria Lorraine, Nancy, France. Refer to the directory demo/MAGNUM/ on the CD-ROM for more information.

10.5.2   Using the NTL Library

The C++ package *NTL* [2] provides very fast factorization algorithms for uni-variate polynomials over the integers and more (see appendix A.1.7).

The usage of *NTL* is facilitated by the file mntl.h which contains routines for data conversion between *NTL* and MuPAD. The example below demonstrates the factorization of a univariate polynomial by use of the dynamic module ntl.

```
>> module(ntl):                          // load the module
>> ntl::gcd( 2111111111121111111112, 112 );  // compute a gcd
                           8
>> P:= poly( x^200 + x + 1, [x] ):       // factor a polynomial
>> time( (L:=ntl::factor(P)) );          // over the integers
                            36330        // it's fast
>> P -op(L,2)*op(L,4);
                      poly(0, [x])        // and it's correct ;-)
```

The module main source code file of this example module is listed below:

```
 1  /*****************************************************************************/
 2  /* FILE    : ntl.C - A simple demo using the NTL library                   */
 3  /* AUTHOR : Andreas Sorgatz (andi@uni-paderborn.de)                        */
 4  /* DATE    : 27/03/1998                                                    */
 5  /*****************************************************************************/
 6  MMG( solaris: coption = "-Intl.solaris" )
 7  MMG( solaris: loption = "-Lntl.solaris -lntl -lm" )
 8  MMG( i386:    coption = "-Intl.i386" )
 9  MMG( i386:    loption = "-Lntl.i386 -lntl -lm" )
10
11  #include "mntl.h"                      // a simple MuPAD interface to NTL
12
13  /////////////////////////////////////////////////////////////////////////////
14  MFUNC( gcd, MCnop )                              // gcd for integers
15  { ZZ      a, b, prod;
16    MTcell  res;
17    MFnargsCheck(2);
18    if( !mupad2ntl(a, MFarg(1)) ) MFerror( "Invalid argument" );
19    if( !mupad2ntl(b, MFarg(2)) ) MFerror( "Invalid argument" );
20    GCD(prod, a, b);
21    if( !ntl2mupad(prod, res) ) MFerror( "Cannot convert result" );
22    MFreturn( res );
23  } MFEND
24
25  /////////////////////////////////////////////////////////////////////////////
26  MFUNC( mult, MCnop )                     // multiplication for integers
27  { ZZ      a, b, prod;
28    MTcell  res;
29    MFnargsCheck(2);
30    if( !mupad2ntl(a, MFarg(1)) ) MFerror( "Invalid argument" );
31    if( !mupad2ntl(b, MFarg(2)) ) MFerror( "Invalid argument" );
32    mul(prod, a, b);
33    if( !ntl2mupad(prod, res) ) MFerror( "Cannot convert result" );
34    MFreturn( res );
35  } MFEND
36
```

```
37   ///////////////////////////////////////////////////////////////////////////
38   MFUNC( factor, MCnop )                           // Factors polynomials P(x)
39   { MFnargsCheck(1);
40     MFargCheck(1,DOM_POLY);
41     ZZX poly = mupadPoly2ntlPoly( MFarg(1) );
42     vector(pair(ZZX,long)) fac;
43     ZZ c;
44     factor(c, fac, poly);
45     MFreturn( ntlPolyFactorList2mupad(c, fac, MFident("x")) );
46   } MFEND
```

Refer to the directory **demo/NTL/** on the CD-ROM for additional information.

10.5.3   The GB and RealSolving System

GB computes Gröbner basis in an extremly efficient way whereas *RealSolving*
can be used to classify real roots of huge polynomials. This module application
has been (and still is) developed by Fabrice Rouiller and Jean-Charles Faugère.
Also refer to section A.1.3.

Refer to the web page http://www.loria.fr/~rouillie/MUPAD/gbreso.html of
the developers for latest information.

The modules **gb**, **rs** and **rsu** allow users to use *GB* and *RealSolving* from within
MuPAD. Before using them, the user has to configure where both systems are
installed and on which hosts of a heterogenious network each them is to be
started. This can be done as follows:

```
// The MuPAD architecture of the local host (current kernel) is:
ARCH:= sysname(Arch):
READ_PATH:= READ_PATH, MDM_PATH."/GBRSOLVE/modules_".ARCH:

// The homes of GB and RealSolving on the CD-ROM are defined as:
GBHome := MDM_PATH."/GBRSOLVE/".ARCH:  gb_machine := "":
RSHome := GBHome:                      rs_machine := gb_machine:
RSUHome:= RSHome:                      rsu_machine:= rs_machine:

// Loads the dynamic modules which interface GB and RealSolving:
module(gb): module(rs): module(rsu):

// Display the interface functions available with these modules:
info(gb):  info(rs):  info(rsu):
```

The following example now demonstrates a typical session using both systems:

```
// Some more convenient interface functions to GB & RealSolving:
gbgb:=proc(lpoly,vv)
local lll,llp;
begin GbHome:=GBHome;
      gb::createConnection("serveur_t__DMP__Dexp__INT",gb_machine);
      lll:=map(lpoly,poly,vv); gb::Groebner(lll);
      llp:=gb::ReceiveLDpol(); gb::closeConnection();
      return(llp);
end_proc:
rsrur:=proc(lpoly)
local lll,llp;
begin GbHome:=RSHome;
      rs::createConnection("ServerRS",rs_machine);
      rs::RSTableInit(lpoly); rs::ReceiveMT();
      rs::RUR(); llp:=rs::ReceiveRUR([x]);
      rs::closeConnection();
      return(llp);
end_proc:

// The defintion of a system of multivariate polynomials:
F1:=2*x^2+2*y^2+2*z^2+2*t^2+2*u^2+v^2-v:
F2:=2*x*y+2*y*z+2*z*t+2*t*u+2*u*v-u:
F3:=2*x*z+2*y*t+2*z*u+u^2+2*t*v-t:
F4:=2*x*t+2*y*u+2*t*u+2*z*v-z:
F5:=t^2+2*x*v+2*y*v+2*z*v-y:
F6:=2*x+2*y+2*z+2*t+2*u+v-1:
lo:=[F1,F2,F3,F4,F5,F6]:
va:=[x,y,z,t,u,v]:
base:=gbgb(lo,va): // Computes a groebner basis
rur :=rsrur(base): // Computes a rational univariate representation
```

The source code of the modules gb, rs and rsu as well as of both systems itself is not available. For questions and comments please contact the authors via email at Fabrice.Rouillier@loria.fr and jcf@calfor.lip6.fr.

Refer to the directory demo/GBRSOLVE/ on the CD-ROM for more information.

10.5.4   Interfacing Singular

Singular is a computer algebra system for commutative algebra, algebraic geometry and singularity theory and especially provides very fast algorithms for polynomial computations (see appendix A.1.9).

The simple library package sing.mu performs a user friendly link between MuPAD and the *Singular* system to accomplish very efficient computation of

Gröbner basis. This link is based on the **mp** module described in section 10.6.2.[5]

The following example shows the **MuPAD** solution for problem 6 of the ISSAC'97 system challenge (computation of a lexicographical Gröbner basis – see [38] [39] as demonstrated on ISSAC'97. See also [41] [42]. Note, that this is just a prototype.

```
>> read("sing.mu"):
>> Ia:= Ideal( poly(3*x^8+x^2*y^2*z^2, [x,y,z], IntMod(32003)),
    poly(2*x^3*y^2*z^2+y^7+4*y^5*z+5*y^2*z^4, [x,y,z], IntMod(32003)) ):
>> Ra:=sing::std( Ia );
    [...]
    // Problem 6 of ISSAC'97 System Challenge
>> p1:= poly(8*w^2+5*w*x-4*w*y+2*w*z+3*w+5*x^2+2*x*y-7*x*z-7*x+7*y^2
            -8*y*z-7*y+7*z^2 -8*z+8, [w,x,y,z]):
>> p2:= poly(3*w^2-5*w*x-3*w*y-6*w*z+9*w+4*x^2+2*x*y-2*x*z+7*x+9*y^2
            +6*y*z+5*y+7*z^2+7*z+5, [w,x,y,z]):
>> p3:= poly(-2*w^2+9*w*x+9*w*y-7*w*z-4*w+8*x^2+9*x*y-3*x*z+8*x+6*y^2
            -7*y*z+4*y-6*z^2+8*z+2, [w,x,y,z]):
>> p4:= poly(7*w^2+5*w*x+3*w*y-5*w*z-5*w+2*x^2+9*x*y-7*x*z+4*x-4*y^2
            -5*y*z+6*y-4*z^2-9*z+2, [w,x,y,z]):
>> Rb:=sing::stdfglm( Ideal(p1,p2,p3,p4) );
    [...]
```

The dynamic module **mp** as well as the *Singular* system are only loaded on demand. Details about this project can be found in the article *Connecting MuPAD and Singular with MP* [3].

```
1   ////////////////////////////////////////////////////////////////////////
2   // FILE   : sing.mu -- Algebraic Geometry and Singularity Theory with Singular
3   // AUTHOR : Andreas Sorgatz (andi@uni-paderborn.de)
4   // DATE   : 25. Mar. 1998
5   ////////////////////////////////////////////////////////////////////////
6
7   proc()
8   begin
9   sing:= domain("sing"):
10  sing::info:= "'sing': Algebraic Geometry and Singularity Theory with Singular":
11  sing::interface:= { hold(std), hold(stdfglm), hold(close), hold(write) }:
12
13  sing::host:= "localhost";          // host at which  to start Singular
14  sing::sing:= "singular -b";        // command syntax to start Singular
15  sing::mp  := FAIL:                 // handle for the dynamoc module mp
16  sing::link:= 0;                    // handle of the MP link to Singular
17
18  ////////////////////////////////////////////////////////////////////////
19  // Load the dynamic module 'mp' and launch 'Singular' if necessary ////////////
20  sing::launch:= proc()
21  begin
22    if( sing::mp = FAIL ) then sing::mp:= module("mp"): end_if;
```

[5]This modules uses **ssh** to launch *Singular*. Thus **ssh** must be installed and correctly configured on your system. Ask your system administrator how to do this.

```
23    if( sing::link = 0 ) then sing::link:= (sing::mp)::open(
24        "-MPtransp", "TCP",        "-MPmode",       "launch",
25        "-MPhost",   sing::host, "-MPapplication", sing::sing
26        );
27      end_if;
28      if( sing::link = 0 ) then error( "Sorry, cannot launch Singular" ); end_if;
29    end_proc:
30    /////////////////////////////////////////////////////////////////////////////
31    // Terminate Singular and close the MP link /////////////////////////////////
32    sing::close:= proc()
33    begin
34      if( sing::link <> 0 ) then
35          (sing::mp)::write( sing::link, "MPtcp:quit" );
36          (sing::mp)::close( sing::link );
37          sing::link:= 0;
38      end_if:
39      null();
40    end_proc:
41    /////////////////////////////////////////////////////////////////////////////
42    // Send an command or object to Singular and return the result ////////////////
43    sing::write:= proc()
44    begin
45      sing::launch();                               // lauch Singular if necessary
46      (sing::mp)::write( sing::link, args() );
47      (sing::mp)::read( sing::link );
48    end_proc:
49    /////////////////////////////////////////////////////////////////////////////
50    // Compute a Groebner Basis (LexOrder) using the standard algorithm ////////////
51    sing::std:= proc( )
52    begin
53      sing::launch();                               // lauch Singular if necessary
54      (sing::mp)::write( sing::link, Std(args()) );
55      (sing::mp)::read( sing::link );
56    end_proc:
57    /////////////////////////////////////////////////////////////////////////////
58    // Compute a Groebner Basis (LexOrder) using a faster algorithm ///////////////
59    sing::stdfglm:= proc( )
60    begin
61      sing::launch();                               // lauch Singular if necessary
62      (sing::mp)::write( sing::link, StdFglm(args()) );
63      (sing::mp)::read( sing::link );
64    end_proc:
65    TRUE:
66    end_proc():
```

Refer to the directory demo/SINGULAR/ as well as demo/MP/ on the CD-ROM for additional information.

The interaction between MuPAD and *Singular* using MP was realized in co-operation with Olaf Bachmann and Hans Schönemann from the Zentrum für Computeralgebra, Universität Kaiserslautern, Germany.

10.6   Interprocess Communication Protocols

This section demonstrates the integration of interprocess communication (IPC) protocols into MuPAD via dynamic modules by using the following packages: *ASAP, MP, PVM*.

10.6.1   The ASAP Protocol

ASAP is an efficient and handy IPC protocol to transfer mathematical data (see appendix A.1.2). The module described here does not make use of all the special features of *ASAP* but demonstrates the simpliest way to integrate IPC protocols via dynamic modules into **MuPAD**.

The example below shows two **MuPAD** kernels started on different hosts of the Internet. The upper one is started as a computation server whereas the second kernel distributes jobs, collects their results and displays them.

```
hostname ; mupad -S
loria.loria.fr
>> info( module(asap) ):
Module: 'asap' created on 25.Mar.98 by mmg R-1.3.0
Interface:
asap::doc,  asap::openAsClient, asap::openAsServer,
asap::recv, asap::send,          asap::terminate
>> asap::openAsServer("loria",4711,""):   # install server #
>> job:= asap::recv():                     # receive job #
>> res:= eval( text2expr(job) ):           # execute job #
>> asap::send( expr2text(res) ):           # send result #
andi>
----------------------------------------------------------------
hostname ; mupad -S
poisson.uni-paderborn.de
>> module(asap):
>> asap::openAsClient("loria.loria.fr",4711,""): # connect  #
>> asap::send( "diff(sin(x), x)" ):          # send job #
>> text2expr( asap::receive() );             # get result #
                          cos(x)
>> asap::terminate():                        # disconnect #
>> quit:
andi>
```

At time, character strings are used to transfer data. This is not as efficient as binary coded transfer but very easy to handle. Using the **MuPAD** functions `text2expr`, `expr2text` and `system` a prototype of a full featured IPC can be developed on the **MuPAD** language level. After that, string communication may be subsequently replaced by more efficient methods to transfer **MuPAD** data in a binary format. The complete source code of the *ASAP* module is:

```
1   ///////////////////////////////////////////////////////////////////////
2   // MODULE: asap.C -- An example of integrating IPC protocols into MuPAD
3   // AUTHOR: Andreas Sorgatz (andi@uni-paderborn.de)
4   // DATE  : 25.Mar.1998
5   ///////////////////////////////////////////////////////////////////////
6   MMG( attribute = "static" )              // the module must not be displaced
7
```

```
 8   MMG( solaris: coption = "-Iasap.solaris" )
 9   MMG( solaris: loption = "-Lasap.solaris -lASAP -lnsl -lsocket" )
10   MMG( i386:    coption = "-Iasap.i386" )
11   MMG( i386:    loption = "-Lasap.i386    -lASAP" )
12
13   extern "C" {
14   #include "asap.h"                        // include definitions of ASAP
15   }
16   static ASAPconn_t*  c;                   // to store the handle of a link
17
18   ////////////////////////////////////////////////////////////////////////////
19   MFUNC( openAsServer, MCnop )
20   { c = ASAPaccept( MFstring(MFarg(1)), MFint(MFarg(2)), MFstring(MFarg(3)) );
21     MFreturn( MFcopy(MVnull) );
22   } MFEND
23   ////////////////////////////////////////////////////////////////////////////
24   MFUNC( openAsClient, MCnop )
25   { c = ASAPcontact( MFstring(MFarg(1)), MFint(MFarg(2)), MFstring(MFarg(3)) );
26     MFreturn( MFcopy(MVnull) );
27   } MFEND
28   ////////////////////////////////////////////////////////////////////////////
29   MFUNC( terminate, MCnop )
30   { ASAPterminate( c );
31     MFreturn( MFcopy(MVnull) );
32   } MFEND
33   ////////////////////////////////////////////////////////////////////////////
34   MFUNC( send, MCnop )
35   { char* s = MFstring(MFarg(1));
36     ASAPsendBinary( c->normal, s, strlen(s) );
37     ASAPflush( c->normal );
38     MFreturn( MFcopy(MVnull) );
39   } MFEND
40   ////////////////////////////////////////////////////////////////////////////
41   MFUNC( recv, MCnop )
42   { static char buffer[512];
43     ASAPnextToken( c->normal );
44     ASAPgetBinary( c->normal, buffer );
45     MFreturn( MFstring(buffer) );
46   } MFEND
```

The *ASAP* module may be used as transportation layer for *OpenMath*.[6] Using a dynamic module, users themselves can exchange the transportation layer whenever they want by whatever they want. Furthermore, changes of the protocol do not result in changes of the MuPAD kernel. Module updates can be made available in short time and independently from kernel updates.

Refer to the directory demo/ASAP/ on the CD-ROM for additional information.

10.6.2   The MP Protocol

MP is an efficient IPC protocol to transfer mathematical data (see appendix A.1.6). This example demonstrates a prototype of an *MP* module.[7] Below, two MuPAD kernels are started and exchange low-level data.

---

[6] Refer to http://www.openmath.org/

[7] This modules uses ssh to launch applications like *Singular*. Thus ssh must be installed and correctly configured on your system. Ask your system administrator how to do this.

```
>> module(mp):
>> l:=mp::Server("poisson",6666);
                                    2906648
>> mp::canWrite(l);
                                       TRUE
>> mp::PutUint8Packet(l,42):
>> mp::PutReal64Packet(l,float(PI)):
>> mp::eom(l):
>> mp::close(l):
------------------------------------------------------------------
>> module(mp):
>> l:=mp::Client("poisson",6666);
                                    2979992
>> mp::canRead(l);
                                       TRUE
>> if( mp::isEom(l) ) then mp::skip(l) end_if:
>> mp::GetUint8Packet(l);
                                         42
>> mp::GetReal64Packet(l);
                                    3.141592741
>> mp::close(l):
```

This module is used to interact with the special purpose computer algebra system *Singular*. Refer to section 10.5.4 for a demonstration of the prototype of a user friendly MuPAD interface to *Singular*. The module main source file mp.C lists the *MP* routines which are currently made available as MuPAD functions:

```
 1  //////////////////////////////////////////////////////////////////////
 2  // FILE   : mp.C                                                     //
 3  // CONTENT: Module Interface to MP                                   //
 4  // AUTHOR : Andreas Sorgatz (andi@uni-paderborn.de)                  //
 5  // CREATED: 14. Dec. 1997                                            //
 6  // CHANGED: 25. Mar. 1998                                            //
 7  // RELEASE: MuPAD 1.4, MP-1.1.3                                      //
 8  // SYSTEMS: Solaris 2.5, Linux 2.0, HP-UX 9.x                        //
 9  // KNOWN BUGS: Speicherfreigabe von PARI und MP ApInt sowie Strings  //
10  //////////////////////////////////////////////////////////////////////
11  MMG( attribute = static )              // the module must not be displaced
12
13  MMG(         coption = "-IMP/include" )
14  MMG( solaris: loption = "-LMP/lib/SUNMP -lMPT -lMP -lnsl -lsocket" )
15  MMG( i386:   loption = "-LMP/lib/LINUX -lMPT -lMP" )
16
17  #include "mp.H"
18
19  // UTILITIES FOR SENDING/RECEIVING SPECIAL CONSTRUCTED OBJECTS ////////////////
20  #include "mpBasic.C"
21  #include "mpPoly.C"
22  #include "mpIdeal.C"
23  #include "mpOp.C"
24
25  // Contains function pointers to handle PARI numbers //////////////////////////
26  static MP_BigIntOps_t PariBigIntOps =
27  { IMP_PutPariBigInt,
28    IMP_GetPariBigInt,
```

```
29    IMP_PariBigIntToStr,
30    IMP_PariBigIntAsciiSize
31  };
32
33  // Global MP environment will be initialized with the first use of open() /////
34  static MP_Env_pt  MMPMenv = NULL;
35
36  /////////////////////////////////////////////////////////////////////////////
37  // FUNC  :  UserOption
38  // RESULT:  Returns the User-Option mupad was started with
39  /////////////////////////////////////////////////////////////////////////////
40  MFUNC( UserOption, MCnop )
41  { MFreturn( MFstring((char*)MUT_user_option()) );
42  } MFEND
43
44  /////////////////////////////////////////////////////////////////////////////
45  // CONTROL OF MP ENVIRONMENT AND LINKS ///////////////////////////////////////
46  /////////////////////////////////////////////////////////////////////////////
47
48  /////////////////////////////////////////////////////////////////////////////
49  // FUNC  :  getEnv
50  // RESULT:  Returns the global MP environment
51  /////////////////////////////////////////////////////////////////////////////
52  MFUNC( getEnv, MCnop )
53  { MFreturn( MFlong((long) MMPMenv) );
54  } MFEND
55  /////////////////////////////////////////////////////////////////////////////
56  // FUNC  :  open
57  // PARAM :  Refer to MP_OpenLink
58  // RESULT:  Opens a link and returns its handle
59  /////////////////////////////////////////////////////////////////////////////
60  MFUNC( open, MCnop )
61  { static char* Argv[33] = { "mupad", NULL };
62    static int   Argc;
63    MFnargsCheckRange(1,32);
64    for( Argc = 1; Argc <= MVnargs; Argc++ ) {
65        MFargCheck( Argc, DOM_STRING );
66        Argv[Argc] = MFstring( MFarg(Argc) );
67    }
68    Argv[Argc] = NULL;
69    if( MMPMenv == NULL ) {
70        MMPMenv = MP_InitializeEnv( NULL );
71        MP_SetEnvBigIntFormat( MMPMenv, &PariBigIntOps, MP_GMP );
72    }
73    MP_Link_pt Link = MP_OpenLink( MMPMenv, Argc, Argv );
74  #ifdef MMPM_DEBUG
75    MP_SetLinkOption( Link, MP_LINK_LOG_MASK_OPT, MP_LOG_ALL_EVENTS );
76  #endif
77    MFreturn( MFlong((long) Link) );
78  } MFEND
79  /////////////////////////////////////////////////////////////////////////////
80  MFUNC( close, MCnop )
81  { MFnargsCheck(1);
82    MFargCheck(1,DOM_INT);
83    MP_Link_pt Link = (MP_Link_pt) MFlong( MFarg(1) );
84    MP_CloseLink( Link );
85    MFreturn( MFcopy(MVnull) );
86  } MFEND
87  /////////////////////////////////////////////////////////////////////////////
88  MFUNC( eom, MCnop )
89  { MFnargsCheck(1);
90    MFargCheck(1,DOM_INT);
91    MP_Link_pt  Link = (MP_Link_pt) MFlong( MFarg(1) );
92    CHECK( Link, MP_EndMsgReset(Link) );
93    MFreturn( MFcopy(MVnull) );
94  } MFEND
```

```
95   ////////////////////////////////////////////////////////////////////////////
96   MFUNC( skip, MCnop )
97   { MFnargsCheck(1);
98     MFargCheck(1,DOM_INT);
99     MP_Link_pt  Link = (MP_Link_pt) MFlong( MFarg(1) );
100    CHECK( Link, MP_SkipMsg(Link) );
101    MFreturn( MFcopy(MVnull) );
102  } MFEND
103  ////////////////////////////////////////////////////////////////////////////
104  MFUNC( isEom, MCnop )
105  { MFnargsCheck(1);
106    MFargCheck(1,DOM_INT);
107    MP_Link_pt   Link = (MP_Link_pt) MFlong( MFarg(1) );
108    MFreturn( MFcopy(MUPBOOL(MP_TestEofMsg(Link))) );
109  } MFEND
110  ////////////////////////////////////////////////////////////////////////////
111  MFUNC( canRead, MCnop )
112  { MFnargsCheck(1);
113    MFargCheck(1,DOM_INT);
114    MP_Link_pt  Link = (MP_Link_pt) MFlong( MFarg(1) );
115    if( MP_GetLinkStatus(Link,MP_LinkReadyReading) == MP_TRUE )
116        MFreturn( MFcopy(MVtrue ) );
117    MFreturn( MFcopy(MVfalse) );
118  } MFEND
119  ////////////////////////////////////////////////////////////////////////////
120  MFUNC( canWrite, MCnop )
121  { MFnargsCheck(1);
122    MFargCheck(1,DOM_INT);
123    MP_Link_pt  Link = (MP_Link_pt) MFlong( MFarg(1) );
124    if( MP_GetLinkStatus(Link,MP_LinkReadyWriting) == MP_TRUE )
125        MFreturn( MFcopy(MVtrue ) );
126    MFreturn( MFcopy(MVfalse) );
127  } MFEND
128
129  ////////////////////////////////////////////////////////////////////////////
130  // SEND AND RECEIVE FUNCTIONS FOR BASIC MP DATA TYPES (NO ANNOTATIONS) ////////
131  ////////////////////////////////////////////////////////////////////////////
132
133  ////////////////////////////////////////////////////////////////////////////
134  MFUNC( PutBooleanPacket, MCnop )
135  { DO_MP_SEND( MP_PutBooleanPacket, MP_Boolean_t, DOM_BOOL,MUPBOOL );
136  } MFEND
137  MFUNC( GetBooleanPacket, MCnop )
138  { DO_MP_RECV(MP_GetBooleanPacket,MP_Boolean_t,MP_Boolean_t,DOM_BOOL,MUPBOOL);
139  } MFEND
140  ////////////////////////////////////////////////////////////////////////////
141  MFUNC( PutSint8Packet, MCnop )
142  { DO_MP_SEND( MP_PutSint8Packet, MP_Sint8_t, DOM_INT, MFint );
143  } MFEND
144  MFUNC( GetSint8Packet, MCnop )
145  { DO_MP_RECV( MP_GetSint8Packet, MP_Sint8_t, MP_Sint8_t, DOM_INT, MFint );
146  } MFEND
147  ////////////////////////////////////////////////////////////////////////////
148  MFUNC( PutUint8Packet, MCnop )
149  { DO_MP_SEND( MP_PutUint8Packet, MP_Uint8_t, DOM_INT, MFint );
150  } MFEND
151  MFUNC( GetUint8Packet, MCnop )
152  { DO_MP_RECV( MP_GetUint8Packet, MP_Uint8_t, MP_Uint8_t, DOM_INT, MFint );
153  } MFEND
154  ////////////////////////////////////////////////////////////////////////////
155  MFUNC( PutSint32Packet, MCnop )
156  { DO_MP_SEND( MP_PutSint32Packet, MP_Sint32_t, DOM_INT, MFlong );
157  } MFEND
158  MFUNC( GetSint32Packet, MCnop )
159  { DO_MP_RECV( MP_GetSint32Packet, MP_Sint32_t, MP_Sint32_t, DOM_INT,MFlong );
160  } MFEND
```

```
161   ///////////////////////////////////////////////////////////////////////////
162   MFUNC( PutUint32Packet, MCnop )
163   { DO_MP_SEND( MP_PutUint32Packet, MP_Uint32_t, DOM_INT, MFlong );
164   } MFEND
165   MFUNC( GetUint32Packet, MCnop )
166   { DO_MP_RECV(MP_GetUint32Packet, MP_Uint32_t,MP_Uint32_t, DOM_INT,MFuint32);
167   } MFEND
168   ///////////////////////////////////////////////////////////////////////////
169   MFUNC( PutReal32Packet, MCnop )
170   { DO_MP_SEND( MP_PutReal32Packet, MP_Real32_t, DOM_FLOAT, MFfloat );
171   } MFEND
172   MFUNC( GetReal32Packet, MCnop )
173   { DO_MP_RECV(MP_GetReal32Packet, MP_Real32_t,MP_Real32_t, DOM_FLOAT,MFfloat);
174   } MFEND
175   ///////////////////////////////////////////////////////////////////////////
176   MFUNC( PutReal64Packet, MCnop )
177   { DO_MP_SEND( MP_PutReal64Packet, MP_Real64_t, DOM_FLOAT, MFfloat );
178   } MFEND
179   MFUNC( GetReal64Packet, MCnop )
180   { DO_MP_RECV(MP_GetReal64Packet,MP_Real64_t,MP_Real64_t,DOM_FLOAT,MFdouble);
181   } MFEND
182   ///////////////////////////////////////////////////////////////////////////
183   MFUNC( PutStringPacket, MCnop )
184   { DO_MP_SEND( MP_PutStringPacket, char*, DOM_STRING, MFstring );
185   } MFEND
186   MFUNC( GetStringPacket, MCnop )
187   { DO_MP_RECV( MP_GetStringPacket, char*, char*, DOM_STRING, MFstringFree );
188   } MFEND
189   ///////////////////////////////////////////////////////////////////////////
190   MFUNC( PutIdentifierPacket, MCnop )
191   { DO_MP_SEND( MP_PutStringPacket, char*, DOM_IDENT, MFident );
192   } MFEND
193   MFUNC( GetIdentifierPacket, MCnop )
194   { DO_MP_RECV( MP_GetStringPacket, char*, char*, DOM_IDENT, MFidentFree );
195   } MFEND
196   ///////////////////////////////////////////////////////////////////////////
197   MFUNC( PutApIntPacket, MCnop )
198   { DO_MP_SEND( MP_PutApIntPacket, GEN, DOM_APM, MFpari );
199   } MFEND
200   MFUNC( GetApIntPacket, MCnop )
201   { DO_MP_RECV( MP_GetApIntPacket, GEN, void*, DOM_APM, MFpari );
202   } MFEND
203
204   ///////////////////////////////////////////////////////////////////////////
205   // SEND FUNCTIONS FOR MP DATA ///////////////////////////////////////////////
206   ///////////////////////////////////////////////////////////////////////////
207
208   ///////////////////////////////////////////////////////////////////////////
209   MFUNC( write, MCnop )
210   { MFnargsCheck(2); MFargCheck(1,DOM_INT);
211     MP_Link_pt  Link = (MP_Link_pt) MFlong( MFarg(1) );
212     MTcell      Arg  = MFarg(2);
213     switch( MFdom(Arg) ) {
214       case DOM_APM:
215       case DOM_INT:
216       case DOM_COMPLEX:
217       case DOM_FLOAT:
218       case DOM_RAT:
219           wNumber( Link, Arg );
220           break;
221       case DOM_IDENT:
222           wIdent( Link, Arg );
223           break;
224       case DOM_STRING:
225           wString( Link, Arg );
226           break;
```

```
227    case DOM_EXPR:
228        if( MFisExpr(Arg, "Ideal")  ) wIdeal( Link, Arg );
229        if( MFisExpr(Arg, "Std")    ) wStd( Link, Arg );
230        if( MFisExpr(Arg, "StdFglm") ) wStdFglm( Link, Arg );
231        break;
232    case DOM_POLY:
233        wPoly( Link, Arg );
234        break;
235    default:
236        MFerror( "Fatal: This data type is not supported yet" );
237    }
238    MP_EndMsgReset( Link );
239    MFreturn( MFcopy(MVnull) );
240  } MFEND
241
242  ///////////////////////////////////////////////////////////////////////////
243  // RECEIVE FUNCTIONS FOR MP DATA /////////////////////////////////////////////
244  ///////////////////////////////////////////////////////////////////////////
245
246  ///////////////////////////////////////////////////////////////////////////
247  MTcell cTree2Any( MPT_Tree_pt Tree )
248  { if( Tree == NULL ) return( MFcopy(MVnull) );
249    MPT_Node_pt Node = Tree->node;
250    switch( Node->type ) {
251    case MP_Sint8Type:      return( MFlong((long) MP_SINT8_T (Node->nvalue)) );
252    case MP_Uint8Type:      return( MFlong((long) MP_UINT32_T(Node->nvalue)) );
253    case MP_Sint32Type:     return( MFlong((long) MP_SINT32_T(Node->nvalue)) );
254    case MP_Uint32Type:     return( MFlong((long) MP_UINT32_T(Node->nvalue)) );
255    case MP_Real32Type:     return( MFdouble((double)MP_REAL64_T(Node->nvalue)));
256    case MP_Real64Type:     return( MFdouble((double)MP_REAL64_T(Node->nvalue)));
257    case MP_ApIntType:      return( MFpari((GEN) MP_APINT_T (Node->nvalue)) );
258    case MP_StringType:     return( MFstring( MP_STRING_T (Node->nvalue)) );
259    case MP_IdentifierType: return( MFident ( MP_STRING_T (Node->nvalue)) );
260    case MP_BooleanType:    return( MUPBOOL ( MP_BOOLEAN_T(Node->nvalue)) );
261    case MP_CommonOperatorType: { ///////////////////////////////////////////
262      MPT_Tree_pt TypeSpec = MPT_GetProtoTypespec( Node );
263      { // Polynomials ///////////////////////////////////////////////////////
264      MP_Sint32_t  Char;
265      MPT_Tree_pt Vars;
266      MP_Common_t Order;
267      if( MPT_IsDDPTree(Tree, &Char, &Vars, &Order) ) {
268          if(Char<0) MFerror("Fatal: Characteristic of polynomials is negative");
269          MTcell Po = cTree2Poly(Tree->args, Node->numchild, Char,Vars,Order);
270          MPT_DeleteTree( Vars );
271          return( Po );
272      }
273      }
274      { // Ideals //////////////////////////////////////////////////////////////
275      MP_Sint32_t  Char;
276      MPT_Tree_pt Vars;
277      MP_Common_t Order;
278      if( MPT_IsIdealTree(Tree, &Char, &Vars, &Order) ) {
279          if(Char<0) MFerror("Fatal: Characteristic of polynomials is negative");
280          MTcell Id = cTree2Ideal(Tree->args, Node->numchild, Char,Vars,Order);
281          MPT_DeleteTree( Vars );
282          return( Id );
283      }
284      }
285      { // Prototypen entfernen (Tree umstrukturieren) da sie im folgenden nicht /
286      // beruecksichtigt werden koennen oder sollen. Dies vereinfacht das Ein- /
287      // lesen deutlich.
288      if( TypeSpec != NULL && MPT_IsTrueProtoTypeSpec(TypeSpec) ) {
289          MPT_UntypespecTree( Tree );
290          return( cTree2Any(Tree) );
291      }
292      }
```

```
293    { // Rationals /////////////////////////////////////////////////////////////
294      if( CheckNode(Node,MP_BasicDict,(MPT_Arg_t) MP_CopBasicDiv) &&
295          TypeSpec != NULL &&
296          CheckNode( TypeSpec->node, MP_CommonMetaType, MP_NumberDict,
297                     (MPT_Arg_t) MP_CmtNumberInteger) ) {
298          MTcell tmp = cTree2Any((MPT_Tree_pt) Tree->args[0]);
299          MTcell hlp = cTree2Any((MPT_Tree_pt) Tree->args[1]);
300          return( MFrat(tmp,hlp) );
301        }
302    }
303    { // Complex //////////////////////////////////////////////////////////////
304      if( CheckNode(Node,MP_BasicDict, (MPT_Arg_t) MP_CopBasicComplex) ) {
305          return( MFcomplex(cTree2Any((MPT_Tree_pt) Tree->args[0]),
306                            cTree2Any((MPT_Tree_pt) Tree->args[1])) );
307        }
308    }
309    { // List /////////////////////////////////////////////////////////////////
310      if( CheckNode(Node,MP_BasicDict, (MPT_Arg_t) MP_CopBasicList) ) {
311          return( cTree2List(Tree->args, Node->numchild) );
312        }
313    }
314    { // Division /////////////////////////////////////////////////////////////
315      if( CheckNode(Node,MP_BasicDict, (MPT_Arg_t) MP_CopBasicDiv) ) {
316          if( Node->numchild != 2 ) MFerror( "Bad division" );
317          MTcell t1 = cTree2Any( (MPT_Tree_pt) Tree->args[0] );
318          MTcell t2 = cTree2Any( (MPT_Tree_pt) Tree->args[1] );
319          return( MFnewExpr(3, MFident("_mult" ), t1,
320                  MFnewExpr(3, MFident("_power"), t2, MFcopy(MVone_)) ) ) );
321        }
322    }
323    MFerror( "Fatal: Unknown common operator or dictionary: cTree2Any()" );
324    } //////////////////////////////////////////////////////////////////////////
325    default:
326    MFerror( "Fatal: Unknown node type: cTree2Any()" );
327    }
328  }
329
330  //////////////////////////////////////////////////////////////////////////////
331  MFUNC( read, MCnop )
332  { MFnargsCheck(1);
333    MFargCheck(1,DOM_INT);
334
335    MP_Link_pt  Link = (MP_Link_pt) MFlong( MFarg(1) );
336    if( MP_TestEofMsg(Link) ) MP_SkipMsg( Link );
337
338    MPT_Tree_pt  Tree;
339    CHECK( Link, MPT_GetTree(Link, &Tree) );
340    MTcell  Result = cTree2Any( Tree );
341    MPT_DeleteTree( Tree );
342    MFreturn( Result );
343  } MFEND
```

Refer to the directory demo/MP/ on the CD-ROM for additional information.

The dynamic module *MP* was implemented in cooperation with Olaf Bachmann and Hans Schönemann from the *Zentrum für Computeralgebra*, Universität Kaiserslautern, Germany.

Many thanks to Simon Gray from the Department of Mathematics and Computer Science at the Kent State University, Kent, USA for his support concerning *MP*.

10.6.3   MuPAD Macro Parallelism

The *PVM* library supports to use a collection of heterogeneous computers as a
coherent and flexible concurrent computational resource (see appendix A.1.8).

The module net demonstrates a prototype of the macro parallelism in MuPAD
which implementation is based on the *PVM* library.[8]

For a detailed description of the macro parallelism and the usage of the module
net refer to the article *News about Macro Parallelism in MuPAD 1.4* [5] which
is also available on the CD-ROM as demo/NET/doc/makrop.ps. Also refer to
the manual [24] and the technical report [21].

```
>> module(net):
================================================================
Module 'net' for macro parallelism was loaded successfully.
Start with   NETCONF:=["host"=#(cluster),...]: net::master()

>> NETCONF:= [ "wiwianka"=2, "gauss"=1, "horner"=1 ]:
>> net::master():
>> topology();                           // get number of clusters
   5
>> net::ismaster();                      // is this the master?
   TRUE
>> topology(Cluster);                    // get the local cluster-id
   1
>> writequeue("work",3,hold(             // ask #3 if it is master
      writepipe(YesIam,1,net::ismaster())))); // it writes to pipe YesIam
>> readpipe(YesIam,3,Block);             // read answer from the pipe
   FALSE
>> global(a,42):                         // set a global variable
>> global(a,global(a)+1), global(a);     // increment global variable
   42, 43
>> net::shutdown():
```

Special to this example is, that the module net uses signals (SIGALRM). The
main source file of this modules is listed below:

```
1    ///////////////////////////////////////////////////////////////////////////
2    //= MODULE : net.C -- Module interface code of the macro parallelism prototype
3    //= AUTHOR : Andreas Sorgatz (andi@mupad.de)
4    //=          Manfred Radimersky (maradim@mupad.de)
5    //=          Torsten Metzner (tom@mupad.de)
27   ///////////////////////////////////////////////////////////////////////////
29   #include "net.H"
30
31   ///////////////////////////////////////////////////////////////////////////
32   // Configuration: linking of network libraries
```

---

[8]This modules uses ssh to launch the MuPAD clusters. Thus ssh must be installed and
correctly configured on your system. Ask your system administrator how to do this.

```
34   MMG(            loption = "-lpvm3" )                 // PVM library (PIC!)
35   MMG( solaris: loption = "-lsocket -lnsl" )           // Solaris net libraries
36
37   /////////////////////////////////////////////////////////////////////////////
38   // Global variable to save the local module domain from garbage collection
40   MTcell  MAPVdom;                                      // local module domain
41
42   /////////////////////////////////////////////////////////////////////////////
44   //= FUNC: initmod
45   //= INFO: This function is called automatically when loading this module by use
46   //=       of 'module()'. Depending on MAPisMaster / MAPisSlave it starts up the
47   //=       kernel as master respectively slave of the macro parallelism  or only
48   //=       informs the user how to do this later.
49   /////////////////////////////////////////////////////////////////////////////
50   MFUNC( initmod, MCstatic )                            // module must not be displaced
51   { static int WasCalledBefore = 0;                     // status of this module
53    MAPVdom = MVdomain;                                  // save local module domain !!!
54    MFglobal( &MAPVdom );                                // no garbage collection !!!!!!
55
56    if( WasCalledBefore ) {
57     MFputs( "Mesg.: Module was initialized before - skipping 'initmod'" );
58     MFreturn( MFcopy(MVnull) );
59    }
61    MAPVinit();                                          // init. for standalone kernel
62    MAPsetTransMode("MCODE") ;                           // default mode
63
64    // Remove this line in dirtibuted versions ///////////////////////////////////
65    MAPenterDebugMode();                                 // only if user configured
66
67    // Export the documented user functions of the macro paralellism in any case
68    MFfree(MFeval(MF("sysassign(global,     net::global   ):"
69                     "sysassign(globale,    net::globale  ):"
70                     "sysassign(readqueue,  net::readqueue ):"
71                     "sysassign(readpipe,   net::readpipe ):"
72                     "sysassign(writequeue, net::writequeue):"
73                     "sysassign(writepipe,  net::writepipe ):"
74                     "sysassign(topology,   net::topology ):"
75           )      )  );
77    MFprintf("============================================================\n");
78    MFprintf("Module 'net' for macro parallelism was loaded successfully.\n");
79
80    MAPTerror  errni;
81    if( MAPprefMaster() ) {
82     MFprintf("Starting network using configuration NETCONF...\n\n");
83     errni = MAPinitMaster();
84     if( !errni.isok() ) {
85         MFputs ( MAPerrstrg(errni) );
86         errni = MAPshutdown();
87     }
88    } else if( MAPprefSlave() ) {
89     MFprintf("Starting slave of macro parallelism...\n\n");
90     errni = MAPinitSlave();
91     if( !errni.isok() ) {
92         MFputs ( MAPerrstrg(errni) );
93         errni = MAPterminate();
94     }
95    } else {
96     MFputs("Start with  NETCONF:=[\"host\"=#(cluster),...]: net::master()\n");
97    }
98
99    WasCalledBefore = 1;
100   if( !errni.isok() ) MFerror( MAPerrstrg(errni) );
101   MFreturn( MFcopy(MVnull) );
102  } MFEND
103
104  /////////////////////////////////////////////////////////////////////////////
```

```
106   //= FUNC: master
107   //= INFO: Start the kernel as the master of the macro parallelism.
108   ////////////////////////////////////////////////////////////////////////////
109   MFUNC( master, MCnop )
110   { if( MAPisSlave() || MAPprefSlave() )
111       MFerror( "Cannot be started on slave" );
112     MAPcheckIsDown();
113     MAPTerror  errni = MAPinitMaster();
114     if( !errni.isok() ) MFerror( MAPerrstrg(errni) );
115     MFreturn( MFcopy(MVtrue) );
116   } MFEND
118   ////////////////////////////////////////////////////////////////////////////
120   //= FUNC: ismaster
121   //= INFO: Returns TRUE if the current kernel is the master of macro parallelism
122   ////////////////////////////////////////////////////////////////////////////
123   MFUNC( ismaster, MCnop )
124   { MAPcatchEvents();
125     MFreturn( MFbool(!MAPisSlave()) );
126   } MFEND
128   ////////////////////////////////////////////////////////////////////////////
130   //= FUNC: shutdown
131   //= INFO: Shutdown the macro parallelism.
132   ////////////////////////////////////////////////////////////////////////////
133   MFUNC( shutdown, MCnop )
134   { MAPTerror  errni;
135     if( MAPisUp() ) MAPshutdown();
136     MFreturn( MFbool(errni.getcode()==MAPD_OK) );
137   } MFEND
139   ////////////////////////////////////////////////////////////////////////////
141   //= FUNC: halt
142   //= INFO: Halts the macro parallelism completely.
143   ////////////////////////////////////////////////////////////////////////////
144   MFUNC( halt, MCnop )
145   { MAPhalt();
146     MFreturn( MFcopy(MVfalse) );
147   } MFEND
149   ////////////////////////////////////////////////////////////////////////////
151   //= FUNC: readqueue
152   //= INFO: Reads from a local queue. Reading may be 'Block'ed.
153   ////////////////////////////////////////////////////////////////////////////
154   MFUNC( readqueue, MCnop )
155   { MFnargsCheckRange(1, 2);
156     if((MVnargs == 2) && !MFisIdent(MFarg(2), "Block")) {
157       MFerror("Invalid Option");
158     }
159     MTcell    Value;
160     MAPTerror  errni = MAPreadQ( MFarg(1), &Value, MVnargs==2 );
161     if( !errni.isok() ) MFerror( MAPerrstrg(errni) );
162     MFreturn( Value );
163   } MFEND
165   ////////////////////////////////////////////////////////////////////////////
167   //= FUNC: readpipe
168   //= INFO: Reads from a local pipe.
169   ////////////////////////////////////////////////////////////////////////////
170   MFUNC( readpipe, MCnop )
171   { MFnargsCheckRange(2, 3);
172     MFargCheck(2, MCnumber);
173     if((MVnargs == 3) && !MFisIdent(MFarg(3), "Block")) {
174       MFerror("Third argument, must be option 'Block'!");
175     }
176     MTcell    Value;
177     MAPTerror  errni = MAPreadP( MFarg(1), MFarg(2), &Value, MVnargs==3 );
178     if( !errni.isok() ) MFerror( MAPerrstrg(errni) );
179     MFreturn( Value );
180   } MFEND
182   ////////////////////////////////////////////////////////////////////////////
```

```
184    //= FUNC: writequeue
185    //= INFO: Writes into a local or remote queue.
186    ///////////////////////////////////////////////////////////////////////////
187    MFUNC( writequeue, MCnop )
188    { MFnargsCheck(3);
189      MFargCheck(2, MCnumber);
190      MAPTerror  errni = MAPwriteQ( MFarg(1), MFarg(2), MFarg(3) );
191      if( !errni.isok() ) MFerror( MAPerrstrg(errni) );
192      MFreturn(MFcopy(MVnull));
193    } MFEND
195    ///////////////////////////////////////////////////////////////////////////
197    //= FUNC: writepipe
198    //= INFO: Writes into a local or remote pipe.
199    ///////////////////////////////////////////////////////////////////////////
200    MFUNC( writepipe, MCnop )
201    { MFnargsCheck(3);
202      MFargCheck(2, MCnumber);
203      MAPTerror  errni = MAPwriteP( MFarg(1), MFarg(2), MFarg(3) );
204      if( !errni.isok() ) MFerror( MAPerrstrg(errni) );
205      MFreturn(MFcopy(MVnull));
206    } MFEND
208    ///////////////////////////////////////////////////////////////////////////
210    //= FUNC: topology
211    //= INFO: Returns information about the topology of the macro parallelism.
212    ///////////////////////////////////////////////////////////////////////////
213    MFUNC( topology, MCnop )
214    { MFnargsCheckRange(0, 1);
215      long  Res;
216      if( MVnargs == 1 ) {
217        if( MFisIdent(MFarg(1),"Cluster") ) {        // get my cluster number
218          Res = MAPclusterNum();
219        } else {                                     // get micro parallelism info
220          MFargCheck(1, MCnumber);
221          long Num = MFlong(MFarg(1));
222          if( (Num < 0) || !(Res=MAPtopoMicro((MAPT::cluster_t) Num)) )
223              MFerror( "Invalid cluster" );
224        }
225      } else {                                       // get macro parallelism info
226        Res = MAPtopoMacro();                         // get number of clusters
227      }
228      MFreturn( MFlong(Res) );
229    } MFEND
231    ///////////////////////////////////////////////////////////////////////////
233    //= FUNC: global
234    //= INFO: Reads and writes global (network) variables, hold first argument
235    ///////////////////////////////////////////////////////////////////////////
236    MFUNC( global, MChold )
237    { MFnargsCheckRange(1, 2);
238      MFargCheck(1, DOM_IDENT);
240      MTcell     Value;
241      MAPTerror  errni;
242
243      if( MVnargs == 1 ) {
244        errni = MAPreadGlobal( MFarg(1), &Value );
245        if( !errni.isok() ) MFerror( MAPerrstrg(errni) );
246        MFreturn( Value );
247      } else {
248        errni = MAPwriteGlobal( MFarg(1), MFarg(2), &Value );
249        if( !errni.isok() ) MFerror( MAPerrstrg(errni) );
250        MFreturn( Value );
251      }
252    } MFEND
254    ///////////////////////////////////////////////////////////////////////////
256    //= FUNC: globale
257    //= INFO: Reads and writes global (network) variables, eval first argument
258    ///////////////////////////////////////////////////////////////////////////
```

```
259    MFUNC( globale, MChold )
260    { MFnargsCheckRange(2, 3);
262      MTcell      NewLevel, OldLevel;
263      MTcell      Name, Value;
264      MAPTerror   errni;
265
266      NewLevel = MFexec( MFcopy(MFarg(1)) );
267      if( !MFisInteger(NewLevel) ) {
268        MFerror("First argument must evaluate to integer!");
269      }
271      OldLevel = MFgetVar("LEVEL");
272      MFsetVar( "LEVEL", NewLevel );
273      Name = MFexec( MFcopy(MFarg(2)) );
274      MFsetVar( "LEVEL", OldLevel );
275      if( !MFisIdent(Name) ) {
276        MFerror("First argument must evaluate to identifier!");
277      }
279      if( MVnargs == 2 ) {
280        errni = MAPreadGlobal( Name, &Value );
281        if( !errni.isok() ) MFerror( MAPerrstrg(errni) );
282        MFreturn( Value );
283      } else {
284        errni = MAPwriteGlobal( Name, MFarg(3), &Value );
285        if( !errni.isok() ) MFerror( MAPerrstrg(errni) );
286        MFreturn( Value );
287      }
288    } MFEND
290    ////////////////////////////////////////////////////////////////////////
292    //= FUNC: mprint
293    //= INFO: print an expression on the master
294    ////////////////////////////////////////////////////////////////////////
295    MFUNC( mprint, MCnop )
296    { MFnargsCheck(1);
297      MAPTerror  errni = MAPmprint( MFarg(1) );
298      if( !errni.isok() ) MFerror( MAPerrstrg(errni) );
299      MFreturn(MFcopy(MVnull));
300    } MFEND
302    ////////////////////////////////////////////////////////////////////////
304    //= FUNC: gfree
305    //= INFO: locates non-group-members in the network
306    ////////////////////////////////////////////////////////////////////////
307    MFUNC( gfree, MCnop )
308    { MFnargsCheck(1);
309      MFargCheck( 1, DOM_BOOL );
310      MTcell      Result;
311      MAPTerror errni = MAPgfree( MFbool( MFarg(1) ), &Result );
312      if( !errni.isok() ) MFerror( MAPerrstrg(errni) );
313      MFreturn(Result);
314    } MFEND
316    ////////////////////////////////////////////////////////////////////////
318    //= FUNC: gmasterinit
319    //= INFO: initializes a work group master
320    ////////////////////////////////////////////////////////////////////////
321    MFUNC( gmasterinit, MCnop )
322    { MFnargsCheck(0);
323      MAPTerror  errni = MAPgmasterinit();
324      if( !errni.isok() ) MFerror( MAPerrstrg(errni) );
325      MFreturn(MFcopy(MVnull));
326    } MFEND
328    ////////////////////////////////////////////////////////////////////////
330    //= FUNC: gmasterquit
331    //= INFO: deinitializes a work group master
332    ////////////////////////////////////////////////////////////////////////
333    MFUNC( gmasterquit, MCnop )
334    { MFnargsCheck(0);
335      MAPTerror  errni = MAPgmasterquit();
```

```
336     if( !errni.isok() ) MFerror( MAPerrstrg(errni) );
337     MFreturn(MFcopy(MVnull));
338   } MFEND
340   ///////////////////////////////////////////////////////////////////////
342   //= FUNC: gslaveinit
343   //= INFO: initializes a work group slave
344   ///////////////////////////////////////////////////////////////////////
345   MFUNC( gslaveinit, MCnop )
346   { MFnargsCheck(1);
347     MFargCheck(1, MCnumber);
348     MAPTerror  errni = MAPgslaveinit( MFlong(MFarg(1))-1 );
349     if( !errni.isok() ) MFerror( MAPerrstrg(errni) );
350     MFreturn(MFcopy(MVnull));
351   } MFEND
353   ///////////////////////////////////////////////////////////////////////
355   //= FUNC: gslavequit
356   //= INFO: deinitializes a work group slave
357   ///////////////////////////////////////////////////////////////////////
358   MFUNC( gslavequit, MCnop )
359   { MFnargsCheck(0);
360     MAPTerror  errni = MAPgslavequit();
361     if( !errni.isok() ) MFerror( MAPerrstrg(errni) );
362     MFreturn(MFcopy(MVnull));
363   } MFEND
365   ///////////////////////////////////////////////////////////////////////
367   //= FUNC: gcluster
368   //= INFO: returns group cluster type (0 = none, 1 = gmaster, 2 = glsave)
369   ///////////////////////////////////////////////////////////////////////
370   MFUNC( gcluster, MCnop )
371   { MFnargsCheck(0);
372     MFreturn(MFlong(MAPgcluster()));
373   } MFEND
375   ///////////////////////////////////////////////////////////////////////
377   //= FUNC: gmaster
378   //= INFO: returns group master of group member (0 if not group member)
379   ///////////////////////////////////////////////////////////////////////
380   MFUNC( gmaster, MCnop )
381   { MFnargsCheck(0);
382     MFreturn(MFlong(MAPgmaster()));
383   } MFEND
385   ///////////////////////////////////////////////////////////////////////
387   //= FUNC: gjob
388   //= INFO: creates a new group job
389   ///////////////////////////////////////////////////////////////////////
390   MFUNC( gjob, MCnop )
391   { MTcell Handle;
392     MFnargsCheck(2);
393     MFargCheck(1, MCnumber);
394     MAPTerror  errni = MAPgjob( MFlong(MFarg(1))-1, MFarg(2), &Handle );
395     if( !errni.isok() ) MFerror( MAPerrstrg(errni) );
396     MFreturn( Handle );
397   } MFEND
399   ///////////////////////////////////////////////////////////////////////
401   //= FUNC: gstatus
402   //= INFO: get status of group job
403   ///////////////////////////////////////////////////////////////////////
404   MFUNC( gstatus, MCnop )
405   { MTcell Status;
406     MFnargsCheck(2);
407     MFargCheck(1, MCnumber);
408     MFargCheck(2, MCnumber);
409     MAPTerror  errni = MAPgstatus( MFlong(MFarg(1))-1, MFarg(2), &Status );
410     if( !errni.isok() ) MFerror( MAPerrstrg(errni) );
411     MFreturn( Status );
412   } MFEND
414   ///////////////////////////////////////////////////////////////////////
```

```
416    //= FUNC: gresult
417    //= INFO: get result of group job
418    //////////////////////////////////////////////////////////////////////////////
419    MFUNC( gresult, MCnop )
420    { MTcell Result;
421      MFnargsCheck(2);
422      MFargCheck(1, MCnumber);
423      MFargCheck(2, MCnumber);
424      MAPTerror  errni = MAPgresult( MFlong(MFarg(1))-1, MFarg(2), &Result );
425      if( !errni.isok() ) MFerror( MAPerrstrg(errni) );
426      MFreturn( Result );
427    } MFEND
429    //////////////////////////////////////////////////////////////////////////////
431    //= FUNC: gprocess
432    //= INFO: force processing of new group job while the old one is waiting
433    //////////////////////////////////////////////////////////////////////////////
434    MFUNC( gprocess, MCnop )
435    { MFnargsCheck(0);
436      MAPTerror errni = MAPgprocess();
437      if( !errni.isok() ) MFerror( MAPerrstrg(errni) );
438      MFreturn( MFcopy(MVnull) );
439    } MFEND
441    //////////////////////////////////////////////////////////////////////////////
443    //= FUNC: pref
444    //= INFO: Set preferences of the macro parallelism of module 'net'
445    //////////////////////////////////////////////////////////////////////////////
446    MFUNC( pref, MChold )
447    { MFnargsCheck( 1 );
448      MAPcatchEvents();
450      if( MFisIdent(MFarg(1)) ) {         /////////////////////////////// Get an option
451        if( MFisIdent(MFarg(1),"LogError") ) {            // LogError
452          MFreturn( MFbool(MAPgetReport()) );
453
454        } else if( MFisIdent(MFarg(1),"GarbCol") ) {           // GarbCol
455          MFreturn( MFbool(MAPgetGarbCol()) );
456
457        } else if( MFisIdent(MFarg(1),"ComType") ) {           // ComType
458          MFreturn( MFstring(MAPgetTransMode()) );
459
460        } else MFerror( "Invalid Option" );
461      }
463      if( !MFisExpr(MFarg(1),"_equal") ) ///////////////////////// Set an option
464        MFerror( "Equation 'Option [=Value]' expected" );
465
466      MTcell  Option = MFop( MFarg(1), 1 );
467      MTcell  Value  = MFop( MFarg(1), 2 );
468      if( MFisIdent(Option,"LogError") ) {               // LogError
469
470        if( MFisTrue(Value) || MFisFalse(Value) )
471          MAPsetReport( MFbool(Value) );
472        else
473          MFerror( "Invalid value for option 'LogError'" );
474
475      } else if( MFisIdent(Option,"GarbCol") ) {               // GarbCol
476
477        if( MFisTrue(Value) || MFisFalse(Value) )
478          MAPsetGarbCol( MFbool(Value) );
479        else
480          MFerror( "Invalid value for option 'GarbCol'" );
481
482      } else if( MFisIdent(Option,"ComType") ) {               // ComType
483        if( MAPisUp() ) {
484          MFerror( "Must be configured before network is started" );
485        }
486        if( MFisString(Value) ) {
487          if( !MAPsetTransMode(MFstring(Value)) ) {
```

```
488              MFerror( "Invalid 'ComType'" );
489          }
490        } else
491          MFerror( "String expected for option 'ComType'" );
492
493      } else MFerror( "Invalid Option" );
494
495      MFreturn( MFcopy(MVnull) );
496    } MFEND
497
498    //////////////////////////////////////////////////////////////////////////////
499
500    //////////////////////////////////////////////////////////////////////////////
501    // FUNC: MAPenterDebugMode
502    // INFO: Returns information about the topology of the macro parallelism.
503    //////////////////////////////////////////////////////////////////////////////
504    int MAPenterDebugMode()
505    { int  error = 0;
507      if( MAPisSlave() ) {                              // for X11 clients (xxgdb)
508          MTcell netdisplay = MFgetVar("NETDISPLAY");
509          if( !MFequal(netdisplay,MCnull) ) {
510              static char display[512];
511              sprintf( display, "DISPLAY=%s", MFstring(netdisplay) );
512              MFfree( netdisplay );
513              error = putenv(display);
514              MFprintf( "Display on: %s\n", getenv("DISPLAY") );
515          }
516      }
518      MTcell netsrcpath = MFgetVar("NETSRCPATH");       // for module source net.C
519      if( !MFequal(netsrcpath,MCnull) ) {
520          if( chdir(MFstring(netsrcpath)) == -1 ) error = 1;
521          else {
522              MFprintf( "Debug path: %s\n", MFstring(netsrcpath) );
523          }
524      }
526      return( !error );
527    }
528
529    //////////////////////////////////////////////////////////////////////////////
530
531    //////////////////////////////////////////////////////////////////////////////
533    //= PROC: map
534    //= INFO: apply a function to each element of a given list and distribute
535    //=       the function evaluations over the macro parallel network
536    //////////////////////////////////////////////////////////////////////////////
537    MPROC( map = "proc(l,f)
538      local n, i, result, missing, res, resqu;
539    begin
540      resqu:=expr2text(genident(\"result\"));
541      userinfo(20,\"Using queue \".resqu.\" for results\");
542      n:=nops(l);
543      result:=[FAIL $n];
544      userinfo(20, \"Parallel map on list of length \".expr2text(n));
545      userinfo(20, \"List is \".expr2text(l));
546      for i from 1 to min(n,topology()-1) do
547        userinfo(10, \"Task \".expr2text(i).\" goes to cluster \". expr2text(i+1));
548        writequeue(\"work\", i+1, hold(writequeue)( resqu, 1,
549          [hold(fp::apply)(f, l[i], args(3..args(0))), i, i+1]))
550      end_for;
551      missing:=i-1;
552      userinfo(20, expr2text(missing). \" results are waited for\");
554      repeat
555        res:=readqueue(resqu, Block);
556        userinfo(10, \"Cluster \".expr2text(op(res,3)).\" has finished task
557          number \".expr2text(op(res,2)));
558        userinfo(20, \"Result is \".expr2text(op(res,1)));
```

```
559     result[op(res,2)]:=op(res,1);
560     if i<=n then
561       userinfo(10, \"Task \".expr2text(i).\" goes to cluster \".
562         expr2text(op(res,3)));
563       writequeue(\"work\", op(res,3), hold(writequeue)( resqu, 1,
564   [hold(fp::apply)(f,l[i], args(3..args(0))), i, op(res,3)]));
565         i:=i+1
566     else
567       missing:=missing-1;
568       userinfo(20, \"No more tasks to distribute\");
569       userinfo(20, expr2text(missing).\" results are still waited for\")
570     end_if
571   until missing=0 end_repeat;
572   result
573 end_proc"
574 )
576 ///////////////////////////////////////////////////////////////////////
578 //= PROC: initlock
579 //= INFO: init global lock variable
580 ///////////////////////////////////////////////////////////////////////
581 MPROC( initlock = "proc( lid )
582 begin globale( 1, lid, FALSE )
583 end_proc"
584 )
586 ///////////////////////////////////////////////////////////////////////
588 //= PROC: spinlock
589 //= INFO: set global lock variable, blocking
590 ///////////////////////////////////////////////////////////////////////
591 MPROC( spinlock = "proc( lid )
592 begin while globale( 1, lid, TRUE ) do end_while;
593 end_proc"
594 )
596 ///////////////////////////////////////////////////////////////////////
598 //= PROC: setlock
599 //= INFO: set global lock variable, non-blocking
600 ///////////////////////////////////////////////////////////////////////
601 MPROC( setlock = "proc( lid )
602 begin globale( 1, lid, TRUE )
603 end_proc"
604 )
606 ///////////////////////////////////////////////////////////////////////
608 //= PROC: unsetlock
609 //= INFO: set global lock variable
610 ///////////////////////////////////////////////////////////////////////
611 MPROC( unsetlock = "proc( lid )
612 begin globale( 1, lid, FALSE )
613 end_proc"
614 )
616 ///////////////////////////////////////////////////////////////////////
618 //= PROC: initsem
619 //= INFO: init global semaphore variable
620 ///////////////////////////////////////////////////////////////////////
621 MPROC( initsem = "proc( lid, n )
622 begin globale( 1, lid, n )
623 end_proc"
624 )
626 ///////////////////////////////////////////////////////////////////////
628 //= PROC: spinsem
629 //= INFO: acquire one instance of shared resource, blocking
630 ///////////////////////////////////////////////////////////////////////
631 MPROC( spinsem = "proc( lid, n )
632 begin while globale( 1, lid, max(0, globale(1, lid)-1)) = 0 do end_while;
633 end_proc"
634 )
636 ///////////////////////////////////////////////////////////////////////
638 //= PROC: acquiresem
```

```
639    //= INFO: acquire one instance of shared resource, non-blocking
640    /////////////////////////////////////////////////////////////////////////
641    MPROC( acquiresem = "proc( lid, n )
642    begin bool(globale( 1, lid, max(0, globale(1, lid)-1)) = 0)
643    end_proc"
644    )
646    /////////////////////////////////////////////////////////////////////////
648    //= PROC: freesem
649    //= INFO: free one instance of shared resource
650    /////////////////////////////////////////////////////////////////////////
651    MPROC( freesem = "proc( lid, n )
652    begin globale( 1, lid, globale( 1, lid ) + 1 )
653    end_proc"
654    )
656    /////////////////////////////////////////////////////////////////////////
658    //= PROC: compute
659    //= INFO: conpute a job on several (All) clusters
660    /////////////////////////////////////////////////////////////////////////
661    MPROC( compute = "proc( _cset_, _job_ )
662    local _c_;
663    begin
664      if( _cset_ = hold(All) ) then
665        _cset_:= { _c_ $ _c_=1..topology() };                  // all clusters
666      end_if;
667      if( domtype(_cset_) <> DOM_SET ) then
668        error(\"DOM_SET or option 'All' expected as first argument\");
669      end_if;
670      _cset_:= _cset_ minus { 1, topology(Cluster) };     // without me and master
671
672      for _c_ in _cset_ do
673        writequeue( \"work\", _c_, _job_ );
674      end_for;
675      _cset_;
676    end_proc"
677    )
679    /////////////////////////////////////////////////////////////////////////
681    //= PROC: define
682    //= INFO: define an identifier on several (All) clusters
683    /////////////////////////////////////////////////////////////////////////
684    MPROC( define = "proc( _cset_, _var_ : DOM_IDENT, _val_ )
685    begin net::compute( _cset_, hold(_assign)(_var_, _val_) );
686    end_proc"
687    )
```

Refer to the directory demo/NET/ on the CD-ROM for additional information.

The dynamic module net was developed and implemented in cooperation with Torsten Metzner and Manfred Radimersky from the Fachbereich Mathematik, Universität Paderborn, Germany. Many thanks to Stefan Wehmeier and Cristopher Creutzig for testing and developing the macro parallel algorithms. This project was funded by the *Sonderforschungsbereich 376, Massive Parallelität*.

10.7   Miscellaneous

This section demonstrates that Motif Widgets, PASCAL routines and POSIX threads can be used within modules. It also shows how to create scanner modules (to read formated text files) using the lexical analyzer generator flex.

10.7.1   Including Motif Widgets

This example describes the usage of the Motif/X11 libraries within dynamic
modules. The module demonstrated below contains a function **new** which allows
the MuPAD user to create simple Motif menu bars. The menu item selected with
the mouse is returned as a MuPAD character string (refer to figure 10.2).

```
>> module(motif):
>> choice:= motif::new( "### The MuPAD Whisky Bar ###",
   [ "Ardbeg 1975", "Glenfarcles 15 y.o.", "Glencadam 1978" ] ):
>> print( Unquoted, "I am sorry, but '".choice."' is out." ):
                I am sorry, but 'Glenfarcles 15 y.o.' is out.
```

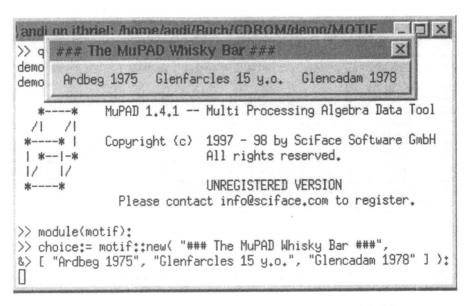

Figure 10.2: Using Motif Widgets within Dynamic Modules

The main C/C++ source file of the dynamic module **motif** is listed below:

```
1    /*****************************************************************************/
2    /* FILE  :  motif.C -- Modul - Motif-Dialog-Toolbox                    */
3    /* AUTHOR:  Andreas Sorgatz                                            */
4    /* DATE  :  30/03/98                                                   */
5    /*****************************************************************************/
6    #define BOOL muff                        // undefine conflicting object
7    #include "motif.H"
8
9    /////////////////////////////////////////////////////////////////////////////
10   MFUNC( yesno, MCnop )
11   { Widget    root, menubar, menu;
12     root    = DIAguiRoot( "Yes/No" );
```

```
13      menubar = DIAguiMenuBar( root, "menubar" );
14      menu    = DIAguiMenu( menubar, "Yes", DIAclbText, "Yes" );
15      menu    = DIAguiMenu( menubar, "No",  DIAclbText, "No"  );
16      XtManageChild( menubar );
17      DIAguiEventLoop();
18      MFreturn( MFstring(DIAexitValue()) );
19   } MFEND
20   ////////////////////////////////////////////////////////////////////////////////
21   MFUNC( new, MCnop )
22   { Widget    root, widget;
23     long      i;
24     MTcell    arg, tmp;
25     MFnargsCheck( 2 );
26     MFargCheck  ( 1, DOM_STRING );
27     MFargCheck  ( 2, DOM_LIST   );
28     root = DIAguiRoot( MFstring(MFarg(1)) );
29     arg  = MFarg(2);
30     widget = DIAguiMenuBar( root, "menubar" );
31     for( i=0; i < MFnops(arg); i++ ) {
32         if( !MFisString(tmp=MFgetList(&arg,i)) ) {
33             DIAguiDestroy();
34             MFerror( "Invalid dialog definition" );
35         }
36         DIAguiMenu( widget, MFstring(tmp), DIAclbText, MFstring(tmp) );
37     }
38     if( MFnops(arg) == 0 ) DIAguiMenu( widget, "Exit", DIAclbText, "Exit" );
39     XtManageChild( widget );
40     DIAguiEventLoop();
41     MFreturn( MFstring(DIAexitValue()) );
42   } MFEND
```

Refer to the directory demo/MOTIF/ on the CD-ROM for additional information.

10.7.2   Integrating PASCAL Routines

This example demonstrates the integration of PASCAL routines into modules. This feature strongly depends on the compilers installed on your system. Refer to your PASCAL and C++ compiler manuals for detailed information.

This module is intended to be used on Solaris systems and does not run on Linux directly.[9] It plays with character strings and uses basic arithmetics:

```
>> module(pascal):                          // load the module
>> pascal::hello();                         // play around with
Pascal-String: <hello world>                // PASCAL strings
>> pascal::inc(41);                         // and increment an
                              42            // integer number
```

The module main source code file (see below) calls the PASCAL routine pHello, which creates a character string terminated by '\0' and lets it print by a C/C++ routine. The PASCAL routine pInc increments an integer number of type long:

---

[9]On Linux systems one can use the GNU PASCAL compiler. For this, the Makefile as well as the C/C++ and PASCAL source code must be adapted.

```
1   /////////////////////////////////////////////////////////////////////////////
2   // MODULE:  pdemo.C
3   // AUTHOR:  Andreas Sorgatz (andi@mupad.de)
4   // DATE  :  31. Mar. 1998
5   /////////////////////////////////////////////////////////////////////////////
6   MMG( solaris: loption="-L/usr/local/lang/old/SUNWspro/lib -lpc" )
7
8   extern "C" int   pInc( int num );    // Declaration of external Pascal routine
9   extern "C" void  pHello();           // Declaration of external Pascal routine
10
11  /////////////////////////////////////////////////////////////////////////////
12  extern "C" void myCfun ( char *pstr )    // A routine to be called from Pascal
13  { MFprintf( "Pascal-String: <%s>", pstr );
14  }
15  /////////////////////////////////////////////////////////////////////////////
16  MFUNC( inc, MCnop )             // Incrementing an integer using a Pascal routine
17  { MFnargsCheck( 1 );
18    MFargCheck( 1, DOM_INT );
19    MFreturn( MFlong((long) pInc((int)MFlong(MFarg(1)))) );
20  } MFEND
21  /////////////////////////////////////////////////////////////////////////////
22  MFUNC( hello, MCnop )    // Printing a character string using a Pascal routine
23  { pHello();
24    MFreturn( MFcopy(MVnull) );
25  } MFEND
```

The complete PASCAL code of the demonstrated module is listed here:

```
1   {**************************************************************************}
2   {* FILE   :  libpascal.p                                                 *}
3   {* AUTHOR:  Andreas Sorgatz                                              *}
4   {* DATE   :  17. Dec. 1997                                               *}
5   {**************************************************************************}
6   procedure myCfun ( var pstr: string ); external c;   {* external Declaration *}
7
8   {* Simple Pascal routine ************************************************}
9   function pInc( x: integer ) : integer;
10  begin
11    pInc:= x+1;
12  end;
13
14  {* Pascal calls a C routine ********************************************}
15  procedure pHello;
16  var pstr : string;
17  begin
18    pstr:= 'hello world' + chr(0);
19    myCfun( pstr );
20  end;
```

Refer to the directory demo/PASCAL/ on the CD-ROM for more information.

10.7.3   Using POSIX Threads

This example demonstrates the usage of POSIX threads within dynamic modules. They can be used to implement parallel algorithms. This feature strongly depends on the compiler installed on your system. Refer to your C++ compiler manuals for detailed information. Refer also to section 9.2 for additional information about threads in MuPAD.

The simple module **pthread** contains a function **demo** which starts two threads which are executed in parallel. This module function is not left before both threads are terminated. This example is intend to run with the **MuPAD** kernel 1.4.1 on Solaris and Linux systems only.[10]

```
>> module(pthread):                      // load the module
>> pthread::demo():                      // start two threads
Start: r1=0, r2=0
Task-1: Loop= 3
Task-2: Loop= 3
Task-2: Loop= 2
Task-2: Loop= 1
Task-1: Loop= 2
Task-1: Loop= 1
Sync : r1=11, r2=22
```

The complete source code of the dynamic module **pthread** is listed below:

```
1    ////////////////////////////////////////////////////////////////////////////
2    // MODULE: pthr -- Using Posix Threads
3    // AUTHOR: Andreas Sorgatz (andi@mupad.de)
4    // DATE  : 31. Mar. 1998
5    ////////////////////////////////////////////////////////////////////////////
6    MMG( i386:    loption = "-lpthreads" )           // May not work on RedHat
7    MMG( solaris: loption = "-lpthread"  )
8    #if defined __linux__
9    #     include <pthread/mit/pthread.h>            // Use MIT threads on Linux!
10   #else
11   #     include <pthread.h>
12   #endif
13
14   pthread_t  t[2];                                 // handles for POSIX threads
15
16   ////////////////////////////////////////////////////////////////////////////
17   void task1( int *v )
18   { for( int i=4; i; i-- ) { printf( "Task-1: Loop=%2d\n", i ); sleep(2); }
19     *v = 11;
20   }
21   void task2( int *v )
22   { for( int i=4; i; i-- ) { printf( "Task-2: Loop=%2d\n", i ); fflush(stdout); }
23     *v = 22;
24   }
25   ////////////////////////////////////////////////////////////////////////////
26   MFUNC( demo, MCnop )
27   { int  r1=0, r2=0;
28     printf( "Start: r1=%d, r2=%d\n", r1, r2 );
29     pthread_create( &(t[0]), NULL, (void*(*)(void *)) task1, &r1 );
30     pthread_create( &(t[1]), NULL, (void*(*)(void *)) task2, &r2 );
31     pthread_join( t[0], NULL );
32     pthread_join( t[1], NULL );
33     printf( "Sync : r1=%d, r2=%d\n", r1, r2 );
34     MFreturn( MFcopy(MVnull) );
35   } MFEND
```

Refer to the directory **demo/PTHREAD/** on the CD-ROM for more information.

---

[10]Older **MuPAD** kernels or **MuPAD** kernels compiled on other operating systems may not be linked with the thread library.

10.7.4   Creating Scanner Modules using flex

flex (fast lexical analyzer generator) is a tool for generating scanners: programs
which recognized lexical patterns in text. flex is the GNU version of lex which
is distributed with UNIX operating systems. Refer to the corresponding UNIX
manuals for additional information.

This example demonstrates how scanner modules for analyzing text input files
can be created using the shell script mkscan. As input the script expects a
description of a scanner to generate (read the flex manual). For example:

```
 1    /*****************************************************************************/
 2    /* FILE   : scan.l - A sample of a scanner description file for (f)lex      */
 3    /* AUTHOR : Andreas Sorgatz (andi@uni-paderborn.de)                         */
 4    /* DATE   : 01. Apr. 1998                                                   */
 5    /*****************************************************************************/
 6    /** Definiton of tokens:  EOFILE=0 and UNKNOWN=1 must allways be first. All ***/
 7    /** tokens are  non-negative integer. They will be returned by the function ***/
 8    /** 'scan::token()'. The rule for UNKNOWN tokens is defined with the module ***/
 9    /** source code (refer to 'ECHO' and the manual of '(f)lex'                 ***/
10    %{
11        enum { EOFILE=0, UNKNOWN=1, NEWLINE, COMMENT, IDENT, INT, FLOAT, STRING };
12    %}
13
14    /** Definition of regular expressions ****************************************/
15    /**/
16    wspace [\t ]
17    nline [\n]
18    Ccomment \/\/[^\n]*
19    comment {Ccomment}
20
21    digit [0-9]
22    letter [A-Za-z_]
23
24    int {digit}+
25    float {digit}+(\.{digit}+)?((E|e)[+-]?{digit}+)?
26    ident {letter}({letter}|{digit})*
27    string \"[^\"]*\"
28
29    /** The rules: the variable 'ScanLine' is defined in the module source code ***/
30    %%
31    {wspace}+ { }                          /* Eat up all whitespaces */
32    {nline} { ++ScanLine; }                /* Eat up all linefeeds   */
33    {comment} { }                          /* Eat up all comments    */
34
35    {ident} { return( IDENT   ); }
36    {int} { return( INT       ); }
37    {float} { return( FLOAT   ); }
38    {string} { return( STRING ); }
39
40    %%
41    /** User code, this section may contain help routines ************************/
```

A MuPAD scanner module is then created by simply calling the shell script
mkscan which also generates the corresponding module online documentation:

```
andi> mkscan scan
## Creating (f)lex scanner source code ############################
scan.l ==> scan.yy.c
## Creating the module source code ##############################
mkscan ==> scan.C
## Creating the module help file ################################
mkscan ==> scan.mdh
## Compiling the dynamic scanner module ##########################
scan.l, scan.C ==> scan.mdm
MMG -- MuPAD-Module-Generator -- V-1.4.0  Feb.98
Mesg.: Scanning source file ...
[...]
Mesg.: Ok
```

The scanner module can now be used as shown in the example below. The values of **token** correspond to the definition in line 11 of the file scan.l.

```
>> module(scan):                         // load scanner module
>> scan::open("scan.i"):                 // open the input file
>> while( (t:=scan::token()) > 0 ) do    // read until end-of-file
&>   print( Unquoted, " line= ".expr2text(scan::line()).
&>         " token= ".expr2text(t)." text= ".scan::text() );
&> end_while:
line= 7 token= 4 text= Dynamic
line= 7 token= 4 text= modules
line= 7 token= 4 text= are
line= 7 token= 4 text= quite
line= 7 token= 4 text= useful
line= 11 token= 5 text= 42
line= 11 token= 5 text= 666
line= 15 token= 6 text= 1.2
line= 15 token= 6 text= 1e-2
line= 15 token= 6 text= 1.0e-2
line= 19 token= 7 text= "Two"
line= 19 token= 7 text= "strings"
line= 23 token= 1 text= -
line= 23 token= 1 text= +
>> scan::close():                        // close the input file
```

Refer to the directory **demo/FLEX/** of the CD-ROM for additional information.

A. The Accompanying CD-ROM

A.1 Contents of the CD-ROM

The accompanying CD-ROM contains a hypertext version of this book, **MuPAD** 1.4.1 for Linux and Solaris systems, the source code of all examples and module applications described in this book as well as binaries for most of them.

The CD-ROM further contains contributions from other authors consisting of programs, libraries and C++ sources which are used by module applications.

The contents of the CD-ROM is not public domain but copyrighted. Refer to the following sections for detailed information about the software systems and packages as well as their copyrights and license agreements.

A.1.1 MuPAD

The CD-ROM contains trial versions of **MuPAD**. Refer to the sections A.2 *System Requirements*, A.3 *Installation* and A.4 *License Aggreements* for details.

A.1.2 ASAP

What is it: *ASAP* [6] is a handy interprocess communication protocol to exchange mathematical data encoded as attributed trees, called the asap terms. The leaves of the trees can be 32 bits (signed) integers or arbitrary binary data.

Developers: *ASAP* -more exactly $ASAP_2$- is developed by Stéphane Dalmas and Marc Gaëtano at INRIA Sophia Antipolis, projet SAFIR, 2004 route des lucioles, BP 93, 06902 Sophia-Antipolis, France. The developers can be contacted via email at {stephane.dalmas, marc.gaetano}@sophia.inria.fr.

Usage: *ASAP* is used to demonstrate the integration of interprocess communication protocols in **MuPAD**. Refer to section 10.6.1 for a description.

Documentation: The directory demo/ASAP/doc/ on the CD-ROM contains a manual (6 p.) with an introduction to *ASAP* and the list of functions available.

License: Not available.

A.1.3   GB and RealSolving

What is it: *GB* stands for *Gröbner Basis* and is a system to compute complex Gröbner basis in an extremly efficient way. *RealSolving* is a system to find and classify real roots of huge polynomials. Both software systems perform exact computations that make, in particular, their results safe.

Developers: *GB* is developed by Jean-Charles Faugère, Equipe Calcul Formel, Paris, France (jcf@calfor.lip6.fr). *RealSolving* is developed by Fabrice Rouillier, Loria (INRIA-Lorraine), Nancy, France (Fabrice.Rouillier@loria.fr).

Usage: MuPAD performs a flexible interface to *GB* and *RealSolving*. Section 10.5.3 demonstrates the usage of both systems from within MuPAD.

Documentation: An english tutorial for *GB* is available via the world-wide-web at http://posso.lip6.fr/~jcf/Introduction/Introduction.html. The directory demo/GBRSOLVE/doc/ on the CD-ROM contains a manual about the MuPAD *GB/RealSolving* interface (~25 p.) and a *RealSolving* manual (~220 p.). Refer to http://www.loria.fr/~rouillie/MUPAD/gbreso.html for more information.

License: For detailed information about copyrights and license agreements refer to the file demo/GBRSOLVE/doc/COPYING on the CD-ROM.

A.1.4   GMP

What is it: *GNU MP* is a library for arbitrary precision arithmetic, operating on signed integers, rational numbers, and floating point numbers. It has a rich set of functions, and the functions have a regular interface.

Developers: The *GMP* Library is developed under the terms of the GNU Library General Public License as published by the Free Software Foundation. The developers can be contacted via email at bug-gmp@prep.ai.mit.edu. Refer to the documentation for detailed information.

Usage: Section 10.4.1 demonstrates the integration of *GMP*, respectively of algorithms written by use of *GMP*, in MuPAD. *GMP* may also be used to transfer arbitrary precision numbers in the context of *MP* (section A.1.6).

Documentation: The directory demo/GMP/doc/ on the CD-ROM contains a complete reference manual (~40 p.).

License: *GMP* is available under the *GNU Library General Public License*. Refer to the file demo/GMP/gmp/COPYING.LIB for detailed information.

A.1.5 MAGNUM

What is it: *Magnum* is a C++ class library with fast factorisation algorithms for univariate polynomials over finite fields.

Developers: *Magnum* has been developed in a master thesis by Wolfgang Roth, Universität Mannheim, Fakultät für Mathematik und Informatik.

Usage: Section 10.5.1 demonstrates the integration of *Magnum* in **MuPAD**. It is used to accomplish very fast factorisations of univariate polynomials over finite fields $\mathbb{F}_p$ with a prime $p < 2^{16}$.

Documentation: The directory demo/MAGNUM/doc/ on the CD-ROM contains the master thesis ($\sim$50 p.) and an introduction to the *Magnum* C++ classes (5 p.). Both documents are written in german.

License: *Magnum* is available under the terms of the GNU General Public License respectively the GNU Library General Public License as published by the Free Software Foundation. The developer can be contacted via email at roth@math.uni-mannheim.de. Refer to the documentation for details.

A.1.6 MP

What is it: *MP* [13] [14] is an interprocess communication protocol to exchange mathematical data encoded as attributed syntax trees. It is designed for exploring issues in integrating symbolic, numeric, graphics, document processing, and other software tools for scientific computation within different computing paradigms (e.g., point to point, distributed, parallel, software bus).

Developers: *MP* is developed and maintained by S. Gray (Ashland University, Ashland, Ohio), N. Kajler (Ecoles des Mines, Paris) and P. Wang (Kent State University, Kent, Ohio) with contributions from other authors.

Usage: *MP* is used to demonstrate the integration of interprocess communication protocols in **MuPAD** as described in section 10.6.2. It is also used to interact with the computer algebra system *Singular* [3] (section A.1.9). *MP* is a C library package and can be linked to other user applications.

Documentation: The directory demo/MP/doc/ on the CD-ROM contains a complete reference manual ($\sim$60 p.). An introduction including license information is available with the file demo/MP/doc/README.

License: *MP* can be used for non-commercial purposes. Refer to the documentation for detailed license information.

A.1.7   NTL

What is it: *NTL* is a high-performance, portable C++ library providing data structures and algorithms for manipulating signed, arbitrary length integers, and for vectors, matrices, and polynomials over the integers and finite fields.

Developers: *NTL* is written and maintained by Victor Shoup with some contributions from other authors. The developer can be contacted via email at shoup@cs.wisc.edu. Refer to http://www.cs.wisc.edu/ shoup/ntl/ for details.

Usage: Section 10.5.2 demonstrates the integration of *NTL*, respectively of algorithms written by use of *NTL*, in MuPAD. It is used to accomplish very fast factorisations of univariate polynomials over the integers.

Documentation: The directory `demo/NTL/doc/` on the CD-ROM contains a manual (16 p.) with an introduction to the *NTL* C++ classes.

License: *NTL* is intended for research and educational purposes only. Refer to the documentation for more details.

A.1.8   PVM

What is it: *PVM* is a system that enables a collection of heterogeneous computers to be used as a coherent and flexible concurrent computational resource.

Developers: *PVM* is developed by J. J. Dongarra, G. E. Fagg, G. A. Geist, J. A. Kohl, R. J. Manchek, P. Mucci, P. M. Papadopoulos, S. L. Scott, and V. S. Sunderam at the University of Tennessee, Knoxville TN., Oak Ridge National Laboratory, Oak Ridge TN., Emory University, Atlanta GA.

Usage: *PVM* is used to demonstrate the integration of network services in MuPAD as described in section 10.6.3. *PVM* is a C library package and can be linked to other user applications.

Documentation: The directory `demo/NET/doc/` on the CD-ROM contains a complete reference manual ($\sim$280 p.).

License: *PVM* can be used for any purpose and without fee. Refer to the file `demo/NET/Readme` for detailed license information.

A.1.9   Singular

What is it: *Singular* [15] is a computer algebra system for commutative algebra, algebraic geometry and singularity theory.

Developers: *Singular* is created and its development is directed and coordinated by G.-M. Greuel, G. Pfister and H. Schönemann with contributions by O.

Bachmann, W. Decker, H. Grassmann, B. Martin, M. Messollen, W. Neumann, T. Nuessler, W. Pohl, T. Siebert, R. Stobbe and T. Wichmann at Fachbereich Mathematik und Zentrum für Computeralgebra, Universität Kaiserslautern, 67653 Kaiserslautern, Germany.

Usage: *Singular* is used by the MuPAD library sing [3] (section 10.5.4) and provides, among others, very fast Gröbner basis computations. It can be run as standalone and independent program by calling the script demo/bin/singular on the CD-ROM.

Documentation: The directory demo/SINGULAR/doc/ on the CD-ROM contains a tutorial (~60 p.) and a complete reference manual (~200 p.).

License: For detailed information about copyrights and license agreements read the file demo/SINGULAR/doc/COPYING on the CD-ROM or refer to the web page http://www.mathematik.uni-kl.de/~zca/Singular.

A.2 System Requirements

To use the CD-ROM, one of the following system configurations is required:

Linux 2.0: (tested with *S.u.S.E.*[1] *5.1/5.2, Debian*)

- IBM PC-compatible ix86 (Pentium recommended) with CD-ROM drive
- 16MB main memory (32MB recommended)
- 1MB free disk space to use CD-ROM examples
- about 180MB for a complete installation on hard disk
- ELF binary support (this is the default since kernel version 2.0)

Solaris 2.5: (also tested with Solaris 2.6)

- SunSPARC workstation with CD-ROM drive
- 32MB main memory (48MB recommended)
- 1MB free disk space to use CD-ROM examples
- about 180MB for a complete installation on hard disk

Although the binaries cannot be used on other operating systems, most examples and module applications (available as C/C++ source code) may also work with other UNIX systems. Minor changes according to special system and/or compiler features may be needed. For details refer to the information given with the corresponding examples in section 10.

---

[1] Refer to http://www.suse.de for further information.

A.3   Installation

To run MuPAD and the module binaries from the accompanying CD-ROM, the CD-ROM must be mounted and UNIX as well as MuPAD environment variables should be configured.

To create binaries from the sources available on the CD-ROM, also a GNU g++ compiler (version 2.7.2 or later) must be installed on your local system.

For information about the license agreements for the software available on the CD-ROM, please refer to section A.4 as well as the sections A.1.2-A.1.9.

A.3.1   Using the CD-ROM Live System

Follow the instructions below to configure your local system to use MuPAD as well as the examples from the CD-ROM:

1. Mount the CD-ROM by using the corresponding UNIX command:

   mount /cdrom   (on Linux systems)
   volcheck   (on Solaris systems)

   The CD-ROM will be mounted at /cdrom on a Linux system and at /cdrom/cdrom0 on a Solaris system. **In all following descriptions it is assumed that the CD-ROM is mounted at** /cdrom.

   If you cannot mount the CD-ROM in this way then ask your system administrator for information about your local configuration.

   To start MuPAD, execute either the shell-script /cdrom/startme or call it directly by executing /cdrom/share/bin/mupad (terminal version) or /cdrom/share/bin/xmupad (XView/X11 version).

   To read the online version of this book start /cdrom/share/bin/dynmod or type the command ?dynmod[2] within xmupad.

2. For your convenience expand the environment variable path -when using csh or tcsh- by including the following command at the end of your personal file ~/.cshrc:

   set path = (/cdrom/share/bin $path)

   Expand the environment variable PATH by including the following command at the end of your personal file ~/.profile when using the sh, bash or ksh:

   PATH=/cdrom/share/bin:$PATH

---

[2]Also information about all *MAPI* routines are available in this way. For example, type ?MFUNC to read how to define module functions.

Execute the corresponding command directly within your shell to make this definition available instantly.

3. To use the module application **net** (MuPAD macro parallelism) the environment variable `MuPAD_ROOT_PATH` must be set to the CD root directory (`/cdrom`). **This definition must be inserted into your personal file** $\sim$/`.cshrc` **respectively** $\sim$/`.profile`.

A.3.2   Installation on Hard Disk

MuPAD can be installed on a hard disk by carrying out the following tasks:

1. Mount the CD-ROM as described above.

2. Create a directory on your hard disk, e.g. /usr/local/MuPAD
   `mkdir /usr/local/MuPAD`

3. Copy the contents of the CD-ROM in the new MuPAD directory and remove write protection:

   `cp -r /cdrom/* /usr/local/MuPAD`
   `chmod -R u+w /usr/local/MuPAD`

   If there is not enough memory available on your hard disk, you need not to copy the sub-directory `/cdrom/demo`. In order to use the examples and module applications just create a link to it:
   `ln -s /cdrom/demo /usr/local/MuPAD/demo`

4. Change the variables listed in section A.3.1 according to your need.

To change examples and module applications or to recompile them, the contents of `/cdrom/demo` (respectively corresponding parts of it) must be copied on your local hard disk.

A.4   MuPAD License Agreements

The MuPAD versions distributed with the accompanying CD-ROM are trial versions which do not include a MuPAD user license. They contain a memory limitiation which can be unlocked with a license key after MuPAD is registered.

A.4.1 General License

MUPAD 1.4.1 END USER LICENSE AGREEMENT

Part I applies if you have not purchased a license to the accompanying software (the "Software"). Part II applies if you have purchased a license to the Software. Part III applies to all license grants. If you wish to purchase a license, contact SciFace Software GmbH & Co. KG ("SciFace") at Technologiepark 12, D-33100 Paderborn, Germany or send an email to info@sciface.com or use the online service www.sciface.com.

Special licenses for members of non-profit educational and scientific institutions are available. Please read section A.4.2.

PART I - Trial License

SciFace grants you a non-exclusive single-user license to use the Software free of charge if your use of the Software is for the purpose of evaluating the Software. The evaluation period is limited to 30 days. You may use the Software in the manner described in Part II below under "Scope of Grant."

DISCLAIMER OF WARRANTY

Free of charge Software is provided on an "AS IS" basis, without warranty of any kind, including without limitation the warranties of merchantability, fitness for a particular purpose and non-infringement. The entire risk as to the quality and performance of the Software is borne by you. Should the Software prove defective, you and not SciFace assume the entire cost of any service and repair. This disclaimer of warranty constitutes an essential part of the agreement.

Even if parts of the disclaimer violates legal rights of some jurisdiction, only these parts are invalid, but not the entire disclaimer.

PART II - Single-user License

Subject to payment of applicable license fees, SciFace grants to you a non-exclusive license to use the Software and accompanying documentation ("Documentation") in the manner described in Part III below under "Scope of Grant."

LIMITED WARRANTY

SciFace warrants that for a period of ninety (90) days from the date of acquisition, the Software, if operated as directed, will substantially achieve the functionality described in the Documentation. SciFace does not warrant, however, that your use of the Software will be uninterrupted or that the operation of the Software will be error-free. SciFace also warrants that the media containing the Software, if provided by SciFace, is free from defects in material and workmanship and will so remain for ninety (90) days from the date you acquired the Software. SciFace's sole liability for any breach of this warranty shall be:

(a) to replace your defective media; or
(b) to advise you how to achieve substantially the same functionality with the Software as described in the Documentation; or
(c) if the above remedies are impracticable, to refund the license fee you paid for the Software. Repaired, corrected, or replaced Software and Documentation shall be covered by this limited warranty for the period remaining under the warranty that covered the original Software, or if longer, for thirty (30) days after the date
(a) of shipment to you of the repaired or replaced Software, or
(b) SciFace advised you how to operate the Software so as to achieve the functionality described in the Documentation.

Only if you inform SciFace of your problem with the Software during the applicable warranty period and provide evidence of the date you purchased a license to the Software will SciFace be obligated to honor this warranty. SciFace will use reasonable commercial efforts to repair, replace, advise or, for individual consumers, refund pursuant to the foregoing warranty within 30 days of being so notified.

This is the only warranty made by SciFace. SciFace makes no other express warranty and no warranty of noninfrigment of third parties' rights. The duration of implied warranties, including without limitation, warranties of merchantability and of fitness for a particular purpose, is limited to the above limited warranty period.

Even if parts of the limited warranty violates legal rights of some jurisdiction, only these parts are invalid, but not the entire warranty.

If any modifications are made to the Software by you during the warranty period; if the media is subjected to accident, abuse, or improper use; or if you violate the terms of this Agreement, then this warranty shall immediately be terminated. This warranty shall not apply if the Software is used on or in conjunction with hardware or software other than the unmodified version of hardware and software with which the software was designed to be used as described in the Documentation.

PART III

SCOPE OF GRANT

You may:
- use the Software on any single computer;
- use the Software on a network, provided that each person accessing the Software through the network must have a copy licensed to that person;
- use the Software on a second computer as long as only one copy is used at a time;
- copy the Software for archival purposes, provided any copy must contain all of the original Software's proprietary notices.

You may not:
- permit other individuals to use the Software except under the terms listed above;
- permit concurrent use of the Software;
- modify, translate, reverse engineer, decompile, disassemble or create derivative works based on the Software;
- copy the Software other than as specified above;
- rent, lease or otherwise transfer rights to the Software; or
- remove any proprietary notices or labels on the Software.

TITLE

Title, ownership rights, and intellectual property rights in the Software shall remain in SciFace and/or its suppliers. The Software is protected by the copyright laws and treaties. Title and related rights in the content accessed through the Software is the property of the applicable content owner and may be protected by applicable law. This License gives you no rights to such content.

TERMINATION

The license will terminate automatically if you fail to comply with the limitations described herein. On termination, you must destroy all copies of the Software and Documentation.

A.4.2   Educational License

MUPAD 1.4.1 END USER LICENSE AGREEMENT FOR MEMBERS OF NON-PROFIT EDUCATIONAL AND SCIENTIFIC INSTITUTIONS

If you have any questions concerning the license to the accompanying software (the "Software") or if you wish to purchase a license, please contact SciFace Software GmbH & Co.KG ("SciFace") at Technologiepark 12,D-33100 Paderborn,Germany or send an email to info@sciface.com or use the online service www.sciface.com.

SciFace grants you a non-exclusive single-user license to use the Software free of charge if you are a student, faculty member or staff member of an educational institution (junior college or college), a staff member of a non-profit research institution, or an employee of an organization which meets SciFace's criteria for a charitable non-profit organization. Government agencies are not considered educational or charitable non-profit organizations for purposes of this Agreement.

Free of charge licenses are not available for the following version of the Software: MuPAD Pro for Windows 95. Please contact SciFace to get information about special rates.

If you fit within the description above, you may use the Software in the manner described in "Scope of Grant."

If you don't fit within the description above, you can use this version of MuPAD free of charge if your use of the Software is for the purpose of evaluating the Software. The evaluation period is limited to 30 days. Please read section A.4.1.

DISCLAIMER OF WARRANTY

Free of charge Software is provided on an "AS IS" basis, without warranty of any kind, including without limitation the warranties of merchantability, fitness for a particular purpose and non-infringement. The entire risk as to the quality and performance of the Software is borne by you. Should the Software prove defective, you and not SciFace assume the entire cost of any service and repair. This disclaimer of warranty constitutes an essential part of the agreement.

Even if parts of the disclaimer violates legal rights of some jurisdiction, only these parts are invalid, but not the entire disclaimer.

SCOPE OF GRANT

You may:
• use the Software on any single computer;
• use the Software on a network, provided that each person accessing the Software through the network must have a copy licensed to that person;
• use the Software on a second computer as long as only one copy is used at a time;
• copy the Software for archival purposes, provided any copy must contain all of the original Software's proprietary notices.

You may not:
• permit other individuals to use the Software except under the terms listed above;
• permit concurrent use of the Software;
• modify, translate, reverse engineer, decompile, disassemble or create derivative works based on the Software;
• copy the Software other than as specified above;
• rent, lease, grant a security interest in, or otherwise transfer rights to the Software; or
• remove any proprietary notices or labels on the Software.

TITLE

Title, ownership rights, and intellectual property rights in the Software shall remain in SciFace and/or its suppliers. The Software is protected by the copyright laws and treaties. Title and related rights in the content accessed through the Software is the property of the applicable content owner and may be protected by applicable law. This License gives you no rights to such content.

TERMINATION

The license will terminate automatically if you fail to comply with the limitations described herein. On termination, you must destroy all copies of the Software and Documentation.

A.4.3   How to Register MuPAD

When registering MuPAD with a license key, memory limitations are removed and your copy of MuPAD becomes a full version. Note, that MuPAD has to be installed on disk before entering the license key, because registration does not work on write protected media.

Refer to the web at http://www.sciface.com/products/licenses.shtml for further information and to obtain a MuPAD license key. On questions please send an email to info@sciface.com or contact:

SciFace Software GmbH & Co. KG
Technologiepark 12
D-33100 Paderborn
Germany
Fax +49-5251-6407-99 , Web http://www.sciface.com

B. Changes

B.1 With Respect to Release 1.2.2

- completely redesigned kernel programming interface

- switch from ANSI-C to C++ support

- option -gcc of mmg was changed to -gnu

- sources can be split into several files to support the use of make

B.2 With Respect to Release 1.3.0

- extended MuPAD (kernel) application programming interface (*MAPI*):

  - easy handling of MuPAD variables
  - full access to MuPAD domains and their elements
  - easy access to the module domain
  - temporary static modules, attribute can be changed at run-time
  - extended evaluation routines (statements, secure context, ...)
  - meta types of basic MuPAD data types for fast type checking
  - support of variables which are protected from garbage collection
  - handling of 2 and 3-state boolean logic
  - converting routines for arrays and polynomials
  - a selection of basic arbitrary precision arithmetic functions

- MuPAD release 1.4 does not support the toolbox routines which were defined in MMT_tool.c (MuPAD release 1.2.1) anymore

- -op *path* can be used to instruct the module generator to store output files in the directory *path*

- the order of the parameters of function `external` and `module::func` was changed from `external(fun,mod)` to `external(mod,fun)`

- `MPROC` and `MEXPR` can be used to include MuPAD procedures and expressions into a module domain

- new preferences to support the implementation of module applications: `Pref::userOptions`, `Pref::callBack` and `Pref::callOnExit`

- the new default compiler of `mmg` is now the compiler which was used to create the MuPAD kernel binary

- option `-nognu` instructs `mmg` to use an alternative C++ compiler

- due to a new memory management used by the MuPAD kernel, to create a dynamic module the `mmg` default compiler must be used. Otherwise the kernel may quit with the error message ...`unresolved symbols`... when loading or using the module

- better support of linking object and archive files

B.3   Latest News and Changes

For latest news about dynamic modules as well as updates and bug fixes concerning dynamic modules and the MuPAD Application Programming Interface refer to the MuPAD web site at:

$$\texttt{http://www.mupad.de/PAPER/MODULES/}$$

C. mmg Short Reference

NAME
     mmg - MuPAD module generator for creating dynamic modules

SYNOPSIS
     mmg [-a {static|unload}] [-c main=name] [-check] [-generic]
        [-gnu] [-j {func|table|link}] [-n] [-nog] [-noc] [-nol]
        [-pseudo] [-sys] [-v] [-V text] [-CC ccnam] [-LD ldnam]
        [-oc copt] [-ol lopt] [-Ddef] [-Ipath] [-llib] [-Lpath]
        [-nop] [-nor] [-nognu] [-op path] [-g] [-color] file.C
        [file.o ...]

DESCRIPTION
     mmg is the module generator of MuPAD. It analyzes a module
     source file written in the programming language C++ (inclu-
     ding additional special commands for mmg) and translates it
     into a loadable and executable dynamic MuPAD module.

     In addition to its options, mmg accepts the name of one C++
     source file with any suffix valid for your C++ compiler and
     a list of object files 'file.o', that are to be linked to
     the module.   Depending on the options, additional C++ code
     for the module management is generated and written into the
     temporary file 'MMGsource.C'. This file includes the user's
     source code and will be compiled by a C++ compiler and
     linked into a dynamic module by generating an object file
     'source.o' and a shared library 'source.mdm'.   By default,
     all output files are placed in the current directory.

     By default, for creating module binaries mmg uses the C++
     compiler that was used to compile the MuPAD kernel. This is

either the standard C++ compiler distributed with your operating system (e.g. CC, cxx, xlC) or the GNU g++ compiler and the link editor ld. This varies for different operating systems and MuPAD releases as well as for different machine types. However, the user can change the default value by setting the option -gnu respectively -nognu, in order to use respectively use not the GNU compiler g++, or by redefining the compiler and linker name with option -CC, -LD respectively. Note: Dynamic modules must be compiled to position independent code (PIC). It is always recommended to use the default compiler.

OPTIONS
    -a attr
        Sets the attribute attr to specify a special treatment of this module:
            static - MuPAD never unloads this module
            unload - MuPAD unloads it as fast as possible

    -c main=name
        This is used to compile a source file that is part of a module name to an object file. Object files like this can be linked to a module later. mmg creates the object file 'source.o' and a temporary file 'MMGsource.C', which contains relevant parts of the module management code. This option must not be used to compile the main source file of the module!

    -color
        Colors the messages of mmg, which makes it easier to distinguish comments, warnings and errors in a multiple line output. This option is interpreted by the shell script mmg and ignored by the corresponding binary.

    -check
        Combination of -j link and -nol. mmg checks the statical semantics of MuPAD kernel function calls. The value link enables the C++ compiler to make a full analysis by using MuPAD function prototypes.

    -g   Debug option. This is a combination of option -nor and -oc -g. mmg instructs the C++ compiler to create code which can be debugged with gdb respectively dbx.

    -gnu Instructs mmg to use g++ instead of the standard C++ compiler of the operating system.

-nognu
>   Instructs mmg to use the standard C++ compiler of the
>   operating system instead of the GNU compiler g++ .

-generic
>   Instructs mmg to create a module for the 'generic'
>   MuPAD kernel (for wizards only).

-j mode
>   Selects the method of address evaluation for MuPAD ker-
>   nel objects:
>> func   - via a function call (default)
>> table - via an address table
>> link   - via the dynamic link editor
>   Using special low-level functions of the MuPAD kernel
>   may require to set option -j link (for wizards only).

-n   No operation. Suppress any kind of code generation. In
>   combination with the option -v it can be used to check
>   the calling sequence of the compiler and linker.

-nog Instructs mmg to skip the generation of module manage-
>   ment code. It is expected that this was done before and
>   the file 'MMGsource.C', containing the module manage-
>   ment code, is placed in the current directory. If this
>   code has not been generated by mmg, the user himself
>   has to guarantee the correct handling of this module.

-noc Instructs mmg to skip the compilation of the extended
>   module source code. It is expected this was done before
>   and the object file 'MMGsource.o' is placed in the
>   current directory.

-nol Suppress linking. Depending on the further options, mmg
>   only generates the file 'MMGsource.C' and compiles it
>   to an object file 'MMGsource.o'.

-nop Instructs mmg not to use its internal preprocessor to
>   expand mmg macros like MFUNC. This option is automati-
>   cally set when using the MFUNC MFEND syntax (for
>   wizards only).

-nor Instructs mmg not to remove the temporarily created
>   code files 'MMGsource.C' and 'MMGsource.o'.

-op path

> Changes the output directory for created files from the
> current working directory to path.

-pseudo

> Instructs mmg to generate module management code for a
> pseudo module. This may be compiled and linked stati-
> cally to the MuPAD kernel. This is used on systems
> which do not support true dynamic modules. The name of
> the output file is 'pmodule.c' (for wizards only).

-sys Returns the system name. MuPAD uses this name to find
system dependent binaries. Also refer to sysinfo.

-v Verbose. Normally mmg does its work silently. Using -v
mmg displays every step of the module generation.

-V text

> Sets the user information string of the module to text.

-CC ccnam

> Specifies the name of the C++ compiler. This overwrites
> the default value, the option -gnu and the value given
> in the environment variable MMG_CC. In addition to the
> name, the string ccnam may contain compiler options.

-LD ldnam

> Specifies the name of the linker. This overwrites the
> default value and the value given in the environment
> variable MMG_LD. In addition to the name, the string
> ldnam may contain linker options.

-oc copt

> Passes the option copt to the compiler.

-ol lopt

> Passes the option lopt to the linker.

-Ddef

> Defines the C++ preprocessor symbol def. Shortcut for
> -oc -Ddef.

-Ipath

> Adds path to the list of directories in which to search
> for include files. Shortcut for -oc -Ipath.

-Lpath

> Adds the path to the list of directories in which to search for libraries. Shortcut for -ol -Lpath.

-llib

> This option is an abbreviation for the library name liblib.*. Shortcut for -ol -llib.

ENVIRONMENT

MMG_CC

> Specifies the name (as well as default options) of the C++ compiler to be used by mmg. Refer to option -CC.

MMG_LD

> Specifies the name (as well as default options) of the link editor to be used by mmg. Refer to option -LD.

PATH mmg requires the insertion of the names of directories which contain the standard C++ compiler of your operating system (e.g. CC, cxx or xlC), the link editor ld and, if you want to use it, the GNU compiler g++ in your path list.

NOTE If you have to use LD LIBRARY PATH, be sure to put the path of your C++ compiler at the head of the path list.

FILES

MMGsource.C	extended source, including C++ code for module management.
source.o	module object file, not linked
source.mdm	loadable dynamic MuPAD module
source.mdg	module procedures and expressions
source.mdh	module online documentation

SEE ALSO

CC(1), cxx(1), xlC(1), g++(1), ld(1)

For detailed technical information about dynamic modules and the implementation in MuPAD refer to the German MuPAD Report

Dynamische Module -- Eine Verwaltung fuer Maschinencode-Objekte zur Steigerung der Effizienz und Flexibilitaet von Computeralgebra-Systemen, Andreas Sorgatz, MuPAD Reports, October 1996, B.G. Teubner, Stuttgart (German)

DIAGNOSTICS

   The diagnostics produced by mmg are intended to be self-
   explanatory. Occasional obscure messages may be produced by
   the preprocessor, compiler, assembler, or loader.

NOTES

   mmg generates additional C++ code for the module management.
   This is compiled and linked together with the user's source
   code. In case of trouble (e.g. naming conflicts), check your
   source code for names that are also used in the file
   'MMGsource.C', temporarily created by mmg, or in the MuPAD
   header files that are installed in the directory
   $MuPAD ROOT PATH/share/mmg/include. Never declare or define
   any object with a prefix MC, MD, MF, MT, MV.

RESTRICTIONS

   The length of option strings is limited to 2000 characters.
   The number of module functions is limited to 512 per module.

TECHNICAL SUPPORT

   For technical support send a detailed bug-report via email
   to <bugs@mupad.de> or <andi@mupad.de>.

D. MAPI Short Reference

Defining Module Functions

Accessing Module Function Arguments

Leaving Module Functions

Type Checking

Comparing Objects

Converting Basic C/C++ Data Types

Converting Arbitrary Precision Numbers

Converting Strings from/to Expressions

Basic Object Manipulation

Special Objects

Operating on Strings and Identifiers

Operating on Booleans

Operating on Complex and Rational Numbers

Operating on Lists

Operating on Expressions

Operating on Domain Elements

Operating on Sets

Operating on Tables

Operating on Domains

Operating on Arrays

Operating on Polynomials

Calling Built-in and Library Functions

Evaluating Objects

Accessing Variables

Basic Arbitrary Precision Arithmetic

Transcendental and Algebraical Functions

Special Arithmetic Functions

Displaying Data

Allocating Memory

Kernel and Module Management

Data Type Definitions

Meta Types

Module Function Attributes

The Copy and Address Attribute

Internal Boolean C/C++ Constants

Empty MuPAD cell

Defining Module Procedure and Expressions

E. Glossary

aging
A **displacement** strategy for **dynamic modules**. They are automatically displaced if they were not used for a user-defined amount of time. Refer to section 4.7.2.

basic domain
Basic data type of MuPAD. See table 4.1 for basic domains supported by **MAPI**. Also refer to **domain**.

built-in function
A **function** which is defined in the MuPAD **kernel**. Built-in functions are written in C/C++. Also refer to **module function**.

CAS
The abbreviation of *computer algebra system*.

C-caller version
The MuPAD **kernel** in form of a machine code library which can be linked into a user's application.

displacement
To unload a **dynamic module**, i.e. to unlink and remove it from memory. Modules can be unloaded by the user as well as by automatical displacement and **replacement** strategies of the **module manager**.

domain
A data structure (DOM_DOMAIN) for user-defined data types in MuPAD. It is also used to represent **library packages** and **modules**. Refer to the *MuPAD User's Manual* [50] section 2.3.18 for detailed information.

domain element
An element of a constructed or user-defined data type (**domain**) in MuPAD.

dynamic library
A special kind of a machine code library (also refer to **PIC**). It can be **dynamically linked** to a program during run-time.

dynamic linking   A **dynamic library** can be **linked** into a program or a process at run-time. Under special technical conditions, such a library can be unlinked and removed from the memory at run-time.

dynamic module   A special kind of a **dynamic library** which contains so-called **module functions**. It can be loaded into MuPAD and used similar to a **library package**. Dynamic modules can be **displaced** at run-time.

evaluation   To evaluate a MuPAD expression -which is represented as a tree- means to derive it by visiting each node recursively and substituting it with its derivation.

flatten   In MuPAD expression sequences and **function** arguments are flattend in the sense, that an expression 1,(a,b),2 is transformed into 1,a,b,2.

frontend   Technical term for the user interface of a program.

function   In the context of this book, the term function is used with a special meaning. Refer to **MuPAD function** and **routine**.

GNU   Read the *GNU General Public License* at the Internet.

kernel   This is the heart of the MuPAD system. It defines the MuPAD programming language as well as the **built-in functions** for manipulating symbolic expressions and doing arbitrary precision arithmetic.

kernel routine   Internal C/C++ routine of the MuPAD **kernel**.

kernel variable   Internal C/C++ variable of the MuPAD **kernel**.

library   This is either a **dynamic library**, **static library** or **MuPAD library**.

library function   A function of a **library package**. It is written in the MuPAD programming language.

library package   A collection of **library functions**. A package pack can be loaded within a MuPAD session using the command loadlib("pack");.

linking   Means to glue together machine code into an executable program or a **dynamic library**.

logical copy	Logical copies are needed if multiple instances of one physical object are used. Making a logical copy increments the **reference counter** of an object in order to register the new reference to it.
MAPI	The abbreviation of *MuPAD Application Programming Interface*. It performs the user's interface to internal routines and variables of the **MuPAD kernel**.
MAPI constant	A C/C++ constant defined by **MAPI**. The name always starts with the prefix MC.
MAPI routine	A C/C++ routine defined by **MAPI**. The name always starts with the prefix MF.
MAPI type	A C/C++ data type definition defined by **MAPI**. The name always starts with the prefix MT.
MAPI variable	A C/C++ variable defined by **MAPI**. The name always starts with the prefix MV.
MAPI meta type	Represents a set of MuPAD **basic domains** and can be used for fast and convenient type checking.
mmg	Refer to **module generator**.
module	This can be a **dynamic module, static module** or **pseudo module**. Also refer to section 4.7.1.
module function	A MuPAD function defined in a **module**.
module generator	The tool to create a loadable and executable **module** from a C/C++ module source code file. It uses a usual C++ compiler and linker for this.
module manager	The part of the MuPAD **kernel** which loads, unload and administrates **modules**.
MuPAD function	Any function available within a MuPAD session. This can be a **built-in function, library function** or **module function**. Also refer to **routine**.
MuPAD library	Collection of **library packages**. It contains most of the mathematical knowledge of the **CAS MuPAD**.
PARI	The arbitrary precision arithmetic package used by MuPAD. Refer to the *User's Guide to PARI-GP* [4] for detailed information.
PIC	Abbreviation of *position independent code*. Typically, a **dynamic library** is compiled as PIC to enable programs to **dynamically link** it. Also read section 8.3.

pseudo module	A module which is statically linked into the MuPAD **kernel** at compile-time. It simulates a **dynamic module** on platforms which does not support **dynamic linking** well.
physical copy	Dublicates an object by copying its memory blocks.
reference counter	It is used to manage a (weak) **unique data** representation of MuPAD objects. Making a **logical copy** of a MuPAD object (`MFcopy`) increments the counter. It is decremented when the object is freed using the routine `MFfree`.
replacement	**Displacing** a **module** in order to replace it by another one. The **module manager** replaces modules if system resources run short.
routine	In the context on this book, routine always refers to a C/C++ subroutine. It can either be a **kernel routine** or a **MAPI routine**.
signature	A *hash value*. It speeds up the comparison of MuPAD objects. After changing a MuPAD object on a C/C++ level the **MAPI routine** `MFsig` must be used to recalculate and update its signature.
static library	An archive of machine code routines.
static module	A **dynamic module** carrying the attribute `static`, which protects it from being **displaced**.
unique data	Objects exist only once. All copies of objects are **logical copies** using a **reference counter** system.
weak unique data	Similar to **unique data**, but also two or more **physically copies** of an object may exist. It is used because sometime it is too expensive to create a real unique data representation.

Bibliography

[1] B. FUCHSSTEINER ET AL. *MuPAD Benutzerhandbuch.* Birkhäuser, Basel, 1993.

[2] B. FUCHSSTEINER ET AL. *MuPAD Tutorial.* Birkhäuser, Basel, 1994.

[3] BACHMANN, O., SCHÖNEMANN, H., AND SORGATZ, A. Connecting MuPAD and Singular with MP. *mathPAD*, Vol. 8 No. 1 (March 1998). available at http://www.mupad.de/mathpad.shtml.

[4] BATUT, C., BERNARDI, D., COHEN, H., AND OLIVIER, M. User's Guide to PARI-GP. Tech. rep., Laboratoire A2X, Université Bordeaux I, France, Jan. 1995. ftp: megrez.math.u-bordeaux.fr.

[5] CREUTZIG, C., METZNER, T., RADIMERSKY, M., SORGATZ, A., AND WEHMEIER, S. News about Macro Parallelism in MuPAD 1.4. *mathPAD*, Vol. 8 No. 1 (March 1998). available via world-wide-web at http://www.mupad.de/mathpad.shtml.

[6] DALMAS, S., GAËTANO, M., AND SAUSSE, A. ASAP: a Protocol for Symbolic Computation Systems. Technical Report 162, INRIA, Mar. 1994.

[7] DRESCHER, K. Axioms, Categories and Domains. Tech. rep., Uni-GH Paderborn, Sep 1996.

[8] DRESCHER, K., AND ZIMMERMANN, P. Gröbner bases in MuPAD: state and future. In *Proceedings of the PoSSo workshop on software, Paris* (mar 1995), pp. 177–182.

[9] DRESCHER, K., AND ZIMMERMANN, P. Writing library packages for MuPAD. Tech. rep., Uni-GH Paderborn, July 1995.

[10] FATEMAN, R. J. Tilu. http://http.cs.berkeley.edu/~fateman/.

[11] GOTTHEIL, K. Polynome kurzgefasst. Tech. rep., Uni-GH Paderborn, Dec 1993.

[12] GOTTHEIL, K. Differential-Gröbner-Basen im Computer-Algebra System MuPAD. In *DMV-Jahrestagung 1994 (Duisburg, 18-24.9.94), Sektion 11 - Computeralgebra* (1994).

[13] GRAY, S., KAJLER, N., AND WANG, P. S. MP: A Protocol for Efficient Exchange of Mathematical Expressions. In *Proc. of the International Symposium on Symbolic and Algebraic Computation (ISSAC'94)* (Oxford, GB, July 1994), M. Giesbrecht, Ed., ACM Press, pp. 330–335.

[14] GRAY, S., KAJLER, N., AND WANG, P. S. Design and Implementation of MP, a Protocol for Efficient Exchange of Mathematical Expressions. *Journal of Symbolic Computing* (1997). Forthcoming.

[15] GREUEL, G.-M., PFISTER, G., AND SCHÖNEMANN, H. Singular Reference Manual. In *Reports On Computer Algebra*, vol. 12. Centre for Computer Algebra, University of Kaiserslautern, version 1.0, May 1997. http://www.mathematik.uni-kl.de/~zca/Singular

[16] HECKLER, C., METZNER, T., AND ZIMMERMANN, P. Progress Report on Parallelism in MuPAD. Tech. Rep. tr-rsfb-97-042, SFB 376, Universität-Gesamthochschule Paderborn, june 1997. also published as Technical Report No. 3154 of INRIA, Lorraine, Villers-lès-Nancy, France, and presented as a poster on ISSAC'97.

[17] KERNIGHAN, B. W., AND RITCHIE, D. M. *The C programming language.* Prentice-Hall Inc, 1977. deutsche Ausgabe: Hanser Verlag, 1983.

[18] KLUGE, O. *Entwicklung einer Programmierumgebung für die Parallelverarbeitung in der Computer-Algebra.* MuPAD Reports. B.G.Teubner Stuttgart, Dec 1996.

[19] KRAUME, R. Symbolische Integration. *Spektrum der Wissenschaft 3* (1996), 95–98.

[20] METZNER, T., RADIMERSKY, M., AND SORGATZ, A. Technical Implementation of the Macro-Parallelism in MuPAD 1.4. Technical report, Universität – GH Paderborn, Fachbereich Mathematik-Informatik, MuPAD group, March 1998.

[21] METZNER, T., RADIMERSKY, M., SORGATZ, A., AND WEHMEIER, S. Parallelism in MuPAD 1.4. Technical Report tr-rsfb-98-057, SFB 376, Universität-Gesamthochschule Paderborn, Jun 1998.

[22] METZNER, T., RADIMERSKY, M., SORGATZ, A., AND WEHMEIER, S. Parallelism in MuPAD 1.4. Technical Report, Sonderforschungsbereich 376, Universität Paderborn, Germany, Jun 1998.

[23] METZNER, T., RADIMERSKY, M., SORGATZ, A., AND WEHMEIER, S. Towards High-Performance Symbolic Computing in MuPAD: Multi-Polynomial Quadratic Sieve using Macro Parallelism and Dynamic Modules, Jun 1998. IMACS ACA'98.

[24] METZNER, T., RADIMERSKY, M., SORGATZ, A., AND WEHMEIER, S. *User's Guide to Macro Parallelism in MuPAD 1.4.1*, Jul 1998.

[25] MORISSE, K., AND KEMPER, A. The Computer Algebra System MuPAD. *Euromath Bulletin 1*, 2 (1994), 95–102.

[26] MORISSE, K., AND OEVEL, G. New Developments in MuPAD. In *Computer Algebra in Science and Engineering* (1995), J. Fleischer, J. Grabmeier, F. Hehl, and W. Küchlin, Eds., World Scientific, Singapore, pp. 44–56.

[27] NAUNDORF, H. Parallelism in MuPAD. In *Electronic Proceedings of the 1st International IMACS Conference on Applications of Computer Algebra* (may 1995), M. Wester, S. Steinberg, and M. Jahn, Eds.

[28] NAUNDORF, H. Parallelism in MuPAD. In *Electronic Proceedings of the 1st International IMACS Conference on Applications of Computer Algebra* (may 1995), M. Wester, S. Steinberg, and M. Jahn, Eds., http://math.unm.edu/ACA//1995Proceedings/MainPage.html.

[29] NAUNDORF, H. *Ein denotationales Modell für parallele objektbasierte Systeme.* MuPAD Reports. B.G.Teubner Stuttgart, Dec 1996.

[30] NAUNDORF, H. *MAMMUT - Eine verteilte Speicherverwaltung für symbolische Manipulation.* MuPAD Reports. B.G.Teubner Stuttgart, 1997.

[31] OEVEL, G., POSTEL, F., AND SCHWARZ, F. MuPAD in Bildung und Wissenschaft. In *Beiträge zum Mathematikunterricht, Vorträge der 29. Bundestagung für Didaktik der Mathematik* (1995), K. Müller, Ed., Franz Becker Verlag, Hildesheim, pp. 356–359.

[32] OEVEL, G., AND SIEK, G. Computer Algebra in Education. In *ED-MEDIA – World Conference on Educational Multimedia and Hypermedia (Graz, Austria; June 18-21, 1995)* (June 1996), H. M. et al, Ed., AACE, Boston, Mass USA, p. 795.

[33] POSTEL, F. The Linear Algebra Package "linalg". Tech. rep., Uni-GH Paderborn, Dec 1996.

[34] POSTEL, F., AND SORGATZ, A. New issues in MuPAD 1.3. *The SAC Newsletter* (May 1997).

[35] POSTEL, F., AND ZIMMERMANN, P. A review of the ODE solvers of Maple, Mathematica, Macsyma and MuPAD. In *Proceedings of the 5th RHINE workshop on computer algebra* (Sant Louis, apr 1996), L. O. A.Čarrière, Ed., Institut Franco-Allemand de Recherches de Sant-Louis. updated version includes Axiom, Derive and Reduce.

[36] SCIFACE SOFTWARE, TECHNOLOGIEPARK 12, D-33100 PADERBORN, GERMANY. MuPAD - The Open Computer Algebra System. http://www.sciface.com.

[37] SIEK, G. MuPAD - Multi Processing Algebra Datatool. *Berichte der Universität-Gesamthochschule Paderborn* (April 1996).

[38] SIGSAM Bulletin. Issue 121, Volume 31, Number 3, September 1997.

[39] SIGSAM Bulletin. Issue 122, Volume 31, Number 4, December 1997.

[40] SORGATZ, A. *Dynamische Module – Eine Verwaltung für Maschinencode-Objekte zur Steigerung der Effizienz und Flexibilität von Computeralgebra-Systemen*, vol. 1 of *MuPAD Reports*. B.G.Teubner Stuttgart, Oct 1996.

[41] SORGATZ, A. Dynamic Modules – Software Integration in MuPAD. Poster Abstracts, ISSAC'97, Maui, USA, July 1997. *ISSAC'97 Best Poster Prize awarded.*

[42] SORGATZ, A. Dynamic Modules – The Concept of Software Integration in MuPAD. talk and handouts, IMACS ACA'97, Maui, USA, July 1997.

[43] SORGATZ, A. Dynamic Modules - C++ Kernel Extensions. *mathPAD 7* (Sep 1997), 16–20.

[44] SORGATZ, A. Dynamic Modules - C++ Kernel Extensions. In *Web-Proceedings of the First MuPAD User Workshop, Paderborn, Germany* (Sep 1997), The MuPAD Group, Abstract and Slides are available at http://www.mupad.de/MW97/PROCEEDINGS/MODULES/index.html.

[45] SORGATZ, A. MuPAD - Dynamische Module, Spiel (fast) ohne Grenzen. *Linux Magazin*, 01/97 (1997).

[46] SORGATZ, A. Dynamische Module – Ein Konzept zur Effizienten Software Integration im General Purpose Computer Algebra System MuPAD. Technical Report tr-rsfb-98-056, SFB 376, Universität-Gesamthochschule Paderborn, May 1998.

[47] SORGATZ, A., AND HILLEBRAND, R. Mathematik unter Linux: MuPAD - Ein Computeralgebra System I. *Linux Magazin 12* (1995), 11–14.

[48] SORGATZ, A., AND HILLEBRAND, R. Mathematik unter Linux: MuPAD - Ein Computeralgebra System II. *Linux Magazin 2/96, 3/96 (Nachdruck)* (1996), 60–67.

[49] STROUSTRUP, B. *The C++ programming language <dt.>.* Addison-Wesley, Bonn; Paris [u.a.], 1992.

[50] THE MuPAD GROUP, BENNO FUCHSSTEINER ET AL. *MuPAD User's Manual - MuPAD Version 1.2.2,* first ed. John Wiley and sons, Chichester, New York, march 1996. includes a CD for Apple Macintosh and UNIX. The hypertext online version distributed with MuPAD differs in its page numbering.

[51] WIWIANKA, W. Das Computer-Algebrasystem MuPAD. *Solaris Magazin 1/93* (1993), 3 Seiten.

[52] ZIMMERMANN, P. Wester's test suite in MuPAD 1.2.2. *Computer Algebra Nederland Nieuwsbrief,* 14 (apr 1995), 53–64.

[53] ZIMMERMANN, P. Using Tilu to Improve the MuPAD Integrator, Sep 1996. http://www.loria.fr/~zimmerma/.

Index

Springer
and the
environment

At Springer we firmly believe that an international science publisher has a special obligation to the environment, and our corporate policies consistently reflect this conviction.

We also expect our business partners – paper mills, printers, packaging manufacturers, etc. – to commit themselves to using materials and production processes that do not harm the environment. The paper in this book is made from low- or no-chlorine pulp and is acid free, in conformance with international standards for paper permanency.

 Springer